속담으로 수학을 읽다

속담으로 수학을 읽다

ⓒ 지브레인 과학기획팀 · 이보경, 2020

초판 1쇄 인쇄일 2020년 1월 17일
초판 1쇄 발행일 2020년 1월 30일

기획 지브레인 과학기획팀 **지은이** 이보경
펴낸이 김지영 **펴낸곳** 지브레인^{Gbrain}
편집 김현주
마케팅 조명구 **제작 · 관리** 김동영

출판등록 2001년 7월 3일 제2005-000022호
주소 04021 서울시 마포구 월드컵로7길 88 2층
전화 (02)2648-7224 **팩스** (02)2654-7696

ISBN 978-89-5979-636-6(03410)

속담으로
수학을 읽다

지브레인 과학기획팀 기획

이보경 지음

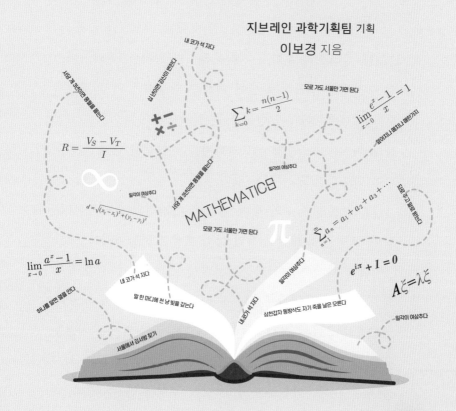

$$R = \frac{V_S - V_T}{I}$$

$$\sum_{k=0} k = \frac{n(n-1)}{2}$$

$$\lim_{x \to 0} \frac{e^x - 1}{x} = 1$$

$$d = \sqrt{(x_2 - x_1)^2 + (y_2 - y_1)^2}$$

MATHEMATICS

$$\lim_{x \to 0} \frac{a^x - 1}{x} = \ln a$$

$$\sum_{n=1} a_n = a_1 + a_2 + a_3 + \cdots$$

$$\pi$$

$$e^{i\pi} + 1 = 0$$

$$A\vec{z} = \lambda \vec{z}$$

만물은 수다

고대 그리스의 수학자 피타고라스의 말이다. 피타고라스의 주장처럼 수학이 세상에 미치는 영향력은 매우 강력하다. 마트에서 콜라 한 병을 사는 일에서부터 화성으로 로켓을 쏘아 올리는 일에 이르기까지 그 어느 것 하나 수학의 힘이 작용하지 않는 것은 없다.

인류의 문명은 수와 함께 성장했다. 진법의 발달은 시간, 날짜. 계절을 설계했고 우리 삶의 체계를 만들어갔다.

정확한 토지측량이 가능해지면서 조세제도는 점차 투명해졌고 투명한 조세제도는 공정한 사회의 기틀이 되었다. 도량형의 통일은 경제를 안정시켰으며 법과 질서를 바로잡았고 상거래와 무역을 발전시켰다. 기하학의 발달은 거대한 토목공사를 가능하게 했고 도시 문명을 탄생시켰다. 대

수학은 인류의 수많은 호기심과 상상력을 간단명료한 몇 줄의 방정식을 통해 해답을 찾도록 만들었다. 수학은 음악을 낳았고 미술의 원근법에도 응용되었다. 수학이 과학과 손을 잡으면서 자연 현상은 정확하게 계량 가능한 법칙이 될 수 있었다.

수학은 피타고라스의 주장처럼 인류의 삶에 있어 모든 것이었다.

하지만 수학은 오랜 세월 특정계층과 훈련받은 사람만의 전유물처럼 여겨졌다. 수학이 대중화된 현재까지도 여전히 수학은 불편한 친구다. 우리는 '수포자(수학포기자)'라는 낙인 속에서 이른 나이에 수학과 담을 쌓기 시작한다. 다시는 보고 싶지 않은 친구가 되는 것이다. 심지어 수학은 나와는 상관없는 존재라고 머릿속에서 지워버리려 한다.

《속담으로 수학을 읽다》는 수학이 우리에게 보내는 자기 소개서다. 언어가 다르고 말주변이 없는 수학이 친근하고 명랑한 속담을 통해 자신의 이야기를 하나씩 풀어내는 대화 장소다.

선조들의 지혜를 풍자와 해학에 담아 조잘조잘 이야기 하는 속담 속에서 우리는 수학과 조금 더 친해지는 기회를 얻게 될 것이다. 물론 처음은 서먹할지도 모른다.

복잡하고 까다로운 수학식이 나올까 걱정하지 않아도 된다. 어떤 수학의 원리가 담겼는지 분석하지 않아도 된다. 그냥 마음의 문을 열고 속담이 전해주는 수학의 역사와 생활 속 수학 이야기를 즐겁게 들어주면 된다. 그렇게 듣다 보면 어느새 친구가 되어 있는 수학을 만날 수 있게 될 것이다.

이보경

contents

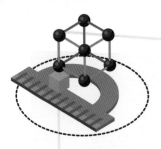

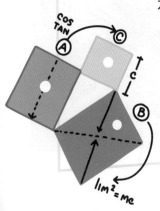

contents

서당 개 3년이면 풍월을 읊는다

사람의 말을 이해할 수 없는 개도 3년만 참고
견디면 글을 깨우칠 수 있다는 속담은 어떤
분야든 오랜 기간을 인내하고 배우면 지식과
경험이 쌓인다는 의미를 담고 있다.

　서당에 사는 개가 있다. 매일 아침 마당을 오가며 어린 동자들의 글 읽는 소리를 듣는다. 그렇게 아무 생각 없이 낭독 소리를 듣던 개는 무슨 소리인지 전혀 알 수 없던 글의 내용을 불현듯 이해하게 된다. 마치 벼락을 맞은 듯 순식간에 일어난 일이다.

　그렇게 되기까지 꼬박 3년이 걸렸다. 갑자기 입에서는 《사서삼경》《논어》《맹자》가 줄줄 흘러나오고 어린 동자들과 세상을 논할 정도의 경지에 이르게 된다.

　자고 일어나니 마법처럼 글을 깨우쳐 인간과 소통할 수 있게 된 강아지의 이야기를 다룬 디즈니 애니메이션이라고 해도 재미있을 만한 신기하고 재미나는 속담이다.

　이 속담은 전혀 인간의 말을 이해할 수 없는 개라 할지라도 3

년이라는 세월을 참고 견디면 글을 깨우칠 수 있게 될 만큼 어떤 분야든 오랜 기간을 인내하고 배우면 지식과 경험이 쌓인다는 의미를 담고 있는 속담이다. 모든 일에는 시간이 필요하다는 뜻이다.

'겉보리 세 말이면 처가살이를 면한다'는 속담이 있다. '구슬이 세 말이어도 꿰어야 보배'라는 속담도 있다. 이 속담들에서 '세 말'은 $18\ell \times 3 = 54\ell$에 해당한다. 정수기에 사용하는 대용량 생수병 3개 분량이다. 많다면 많고 적다면 적은 분량이다. 하지만 처가살이를 면하고 사위의 자존심을 세울 수 있는 최소한의 식량이며 서로 연결하지 않고 그대로 두어 썩히기에는 너무나 많은 양의 보석이다.

그런데 왜 하필 삼 년이고 세 말일까? 5년일 수도 있고 열 말이면 더 좋을 텐데 말이다. 이 속담에 담긴 숫자의 의미를 찾아보자.

정말 서당 개 3년이면 풍월 정도는 읊을 수 있을까?

중국을 비롯한 우리나라에 전해지는 속담과 설화 속에 자주 등장하는 숫자 중 하나가 3이다. 그뿐만 아니라 전 세계 종교와 설화에서도 숫자 3은 매우 의미 있게 다루어진다.

그리스도교의 중요한 교리 중 하나인 트리니티^{Trinity}는 성부, 성자, 성령의 삼위일체를 의미한다. 힌두교의 3대 주신은 브라마, 비슈누, 시바다. 그리스 신화의 제우스는 동생 하데스와 포세이돈에게 지하세계와 바다를 다스리도록 한다.

캔들에 새겨진 성부, 성자, 성령.

우리나라 역사에서도 숫자 3의 신성한 상징성을 찾아볼 수 있다. 고구려 고분 벽화에는 태양에 사는 전설의 세 발 달린 까마귀 삼족오^{三足烏}가 있으며 단

6~7세기 고구려 벽화 속 삼족오.

군신화에 나오는 환웅은 환인으로부터 나라를 다스리기 위한 천, 부, 인을 전해 받아 지상에 내려온다.

불교에서 숫자 3은 조화와 완전함을 의미해 강력한 숫자로 생각한다. 그래서 숫자 3은 변화와 발전의 시작점이다. 조화로운 완전한 상태인 3을 기점으로 모든 것이 이루어지고 변화의 준비가 되는 것이다.

불교문화권인 동양에서 숫자 3이 조화와 완전함이라고 생각했다면 1은 신의 숫자였다. 1은 좋은 것을 상징하는 의미로, 2는 악마이며 나쁜 것을 상징하는 숫자로 여겼다고 한다. 그리고 숫자 3에 이르러 좋은 것과 나쁜 것이 상쇄되고 조화가 이루어져 완성된다고 보았다. 그래서 3은 모든 것의 조화로 갈등이 사라지고 새로운 변화의 시작이 될 수 있는 것이다.

서당 개도 3년을 들으면 풍월을 읊고 세 살까지 못 고친 버릇은 절대 못 바꾸고 여든까지 간다. 세 명이 입을 모아 외치면 없던 호랑이(삼인성호三人成虎)도 만들 수 있으며 세웠던 계획이 사흘을 넘기지 못하면 실패(작심삼일作心三日)로 돌아간다. 변화가 시작되는 변곡점이 3년, 3인, 3일이다. 3은 각성과 깨달음이 시작되기 위한 기다림의 최소 시간인 셈이다.

숫자 3이 변화의 시작이라면 10은 변화의 완성이다. 십 년이면 강산이 변하고 열 번 찍어 안 넘어가는 나무가 없으며 되로

선조들은 아무리 아름다운 꽃도 10일을 넘기지 못한다는 화무십일홍으로 인생의 무상함을 이야기했다.

주면 열 배인 말로 받는다. 아무리 아름다운 꽃도 10일이면 그 아름다움을 다하고 새로운 씨앗을 품는다 (화무십일홍花無十日紅). 아름다움이 끝나는 것이 아니라 아름다움을 완성하고 열매를 품는 새로운 에너지로 변화하는 것이다.

인류의 역사와 문화 안에서 수가 주는 의미는 특별하다. 특히 속담 안에 담긴 숫자의 의미를 살피다 보면 한 시대와 문화권에서 오랜 세월에 걸쳐 만들어진 종교적, 사회적 믿음과 철학을 엿볼 수 있게 된다.

숫자의 의미

2019년 5월, 갤럽에서 실시한 한국인이 좋아하는 숫자 1위는 7이었다. 2위는 3이고 3위는 5였다. 7이 1등을 차지한 것은 아마도 기독교와 서구 문명의 영향이 아닐까 싶다. 좋아하는 숫자에도 시대와 문화가 반영되는 것을 확인할 수 있는 조사다.

전통적으로 한국인들의 설화와 신화 속에는 3이라는 숫자가 자주 등장하며 매우 신성하게 여겨왔다. 세속 신앙에 등장하는 삼신三神 할머니는 아이를 점지해주는 일을 한다. 삼신할머니는 삼위일체의 신으로 아이에게 뼈와 살과 영혼을 준다고 전해진다.

건국신화의 삼신은 환인, 환웅, 단군을 의미하기도 한다. 우리나라에는 도교, 불교, 유교가 등장하기 전 고조선 시대부터 내려오는 민족 고유의 삼원三元사상이 있었다.

삼원사상은 세상을 숫자 3이 의미하는 조화로 바라보는 민족 고유의 사상이다.

여러 가지 설이 있으나 삼원은 우주를 이루는 기본 세 요소로 천天·지地·인人을 말한다고 전해지고 있다.

삼원 사상은 고려 건국신화에도 등장하며 후에 대종교에도 영향을 미쳤다.

전통적으로 숫자 3은 복을 주는 숫자로도 유명하다. 대대로 한국인들에게 숫자 삼은 복삼福三이라고 하여 내기를 하여도 삼세판이었다.

갤럽조사에서 숫자 3이 여전히 높은 순위를 차지하고 있는 이유도 오랜 세월 우리 잠재의식 속에 숫자 3에 대한 긍정적 의미가 살아 있기 때문이 아닐까?

우리나라뿐만이 아니라 각각의 문화권에는 좋아하는 숫자와 싫어하는 숫자가 있다. 좋아하는 숫자와 싫어하는 숫자가 발생한 이유로는 종교, 언어, 생활풍습 등 다양한 원인이 작용했을 것이다.

중국인들은 전통적으로 숫자 8을 좋아한다. 8은 중국어로 돈을 번다는 의미의 發자와 발음(파차이)이 같다고 한다. 숫자 8을 말할 때마다 돈을 불러들인다고 생각하면 매우 기분이 좋아질 것이다. 풍요로운 생활만큼 행복으로 가는 가장 탄탄한 기초공사가 없을 것이다.

중국인들의 숫자 8에 대한 애정은 여러 사회현상을 낳기도 했다.

2008년 열린 북경 올림픽의 개최 날짜와 시간은 8월 8일 저녁 8시였다. 또한 8월 8일은 젊은 남녀의 결혼식이 가장 많이 치루어지는 날이라고 한다. 이날 결혼을 하면 부귀영화와 행운이 찾아온다고 믿기 때문이다. 그래서 1988년 8월 8일에는 중국 최대의 결혼식 인파로 온 중국이 들썩였을 정도라고 하니 숫자 8의 위력은 대륙을 움직일 만큼 엄청난 것이었다.

숫자 8이 가장 강력한 영향력을 미치는 곳은 당연히 사업을 하거나 장사를 하는 사람들이다. 돈과 연관된 일이기에 숫자 8

2008년 베이징 올림픽은 8월 8일 저녁 8시에 열렸다.

은 거의 신의 숫자와도 같다. 중국에서 8이 연속되는 자동차 번호판과 전화번호, 아파트 동호수가 수천, 수억 원에 낙찰되는 일은 이제는 신기한 일도 아니라고 한다.

중국 못지않게 하나의 숫자에 깊은 애정을 주는 나라가 또 있다. 바로 불교국인 태국이다. 태국은 숫자 9를 무척 사랑한다.

지난 2014년 쿠데타로 집권한 태국의 군부 세력은 새 내각의 출범 날짜를 9월 9일 오전 9시 9분으로 정했다. 새롭게 출범하는 정부의 안위와 행운을 바라는 마음이었을 것이다.

숫자 9는 태국뿐만이 아니라 불교문화권인 인도, 베트남, 미얀마 등에서도 모두 신성하게 생각하는 숫자다. 숫자 9는 최고의 영적인 힘과 완성, 처음과 끝, 완벽 등을 의미한다고 한다. 불교에서는 숫자 3을 강력하고 조화로운 숫자로 본다. 부처님이 세상에 법신, 용신, 보신인 삼불의 모습으로 나타났기에 절에 모신 부처님상은 항상 세 분이다. 그런데 9는 완전한 숫자 3으로부터 나온 3배수의 숫자이므로 더욱 신성한 숫자인 것이다.

미국과 유럽 등 서구 문명에서 가장 좋아하고 신성시하는 숫자는 7이다. 7은 창세기에 등장하는 하나님의 창조날짜에서 기인한다. 하나님이 세상을 만든 시간이 7일이며 하나님의 명

노아의 방주 이야기에서도 7을 찾아볼 수 있다.

령으로 노아의 방주에 동물들을 전부 실은 지 7일만에 홍수가
났다. 또 7일 만에 비둘기를 날려 보내 물이 가라앉고 있음을
확인한다.

창세기 41장에는 요셉이 이집트의 7년 풍년과 7년 가뭄을
예언하는 장면이 나온다. 심지어 슬롯머신 게임의 잭폿은 행운
의 숫자인 777로 유명하다. 이스라엘의 속죄의식에서는 피를
7번 뿌리며 결혼식은 모두 7일간 이어진다. 서구 사회에서 7
은 매우 의미 있는 숫자인 것이다. 변화의 변곡점이 숫자 7이
기준이 되어 생장 발전하고 소멸하는 것을 볼 수 있다.

이에 반해 서구 기독교 문화권에서 가장 싫어하는 숫자는
13이다. 13일의 금요일은 공포의 대상으로 이제 전 세계적으

로 유명한 날짜가 되었다.

예수님의 최후의 만찬 시 13번째로 온 사람이 배신자 가롯 유다였다. 이런 이유로 서구 사회의 파티 문화에서는 13명은 초대하지 않는다고 한다. 예수님이 돌아가신 날이 금요일로 13일과 금요일이 겹치는 13일의 금요일은 서구 사회의 최대 공포의 날이다. 아주 유명한 예루살렘 컴퓨터 바이러스는 13일의 금요일에 작동되도록 설계되었다. 서구인들의 공포를 극대화하여 이용하고자 하는 의도를 읽을 수 있다.

서양에서는 13일의 금요일을 불길하고 불운한 날로 생각한다.

13일의 금요일에 대한 공포는 생각보다 훨씬 강력한 것으로, 이 날이 되면 미국과 유럽의 모든 운송수단 및 호텔, 상거래, 결혼, 이사 등의 이용이 눈에 띄게 줄어든다고 한다.

서양 사람들의 숫자 13에 대한 공포만큼이나 동양인들에게 공포의 숫자는 4다. 4는 동양권에서 죽을 사와 발음이 비슷히다는 이유로 불길한 숫자로 취급된다. 실제로 서양의 건물 중 13층을 표시하지 않는 것과 마찬가지로 우리나라에서는 4층을 표시하지 않는 전통이 아직도 남아 있다.

지금까지 다양한 문화권 안에서 숫자가 상징하는 대표적인 의미를 알아보았다. 이외에도 하나의 상징으로서 한 사회와 문화를 대표하고 있는 숫자 이야기는 많다. 전부 언급할 수 없다는 것이 매우 아쉽다.

하지만 몇 개의 예를 통해 우리가 알 수 있는 것은 한 문화권 내에서 숫자가 차지하고 있는 위상이 수리적 개념 이상이라는 것이다. 숫자는 한 사회의 종교, 문화, 관습, 무의식, 이념, 소망 등을 함축적으로 상징하는 인류의 또 다른 언어인 것이다.

말 한 마디에 천 냥 빚 갚는다

상대방을 존중하고 이해하는 말 한 마디가 어렵고 힘든 상황을 바꿀 수도 있다는 의미이다.

사람이 가장 무거울 때는 언제일까? 바로 '철들 때'라고 한다. 물론, 우스갯소리로 하는 난센스 퀴즈다. 재미있게 웃어넘기고 마는 퀴즈지만 다시 한번 무게의 의미에 대해 생각하게 만든다.

우리 속담에 '말 한 마디에 천 냥 빚 갚는다'라는 말이 있다. 상대방을 존중하고 이해하는 말 한 마디가 힘들고 어려운 상황을 바꿔 놓을 수 있다는 뜻이다. 그만큼 좋은 언

좋은 언어 습관은 금과 같다.

어 습관은 천 냥 빚을 탕감할 수 있을 정도의 무게감과 위력이 있다는 의미이기도 하다.

'남아일언 중천금'이라는 말도 있다. 남자는 자신이 내뱉은 말에 책임을 져야 한다는 뜻으로 말 한 마디를 천금千金으로 여길 만큼 아끼라는 것이다. 천금의 가치를 가진 언행이라면 함부로

내놓을 수 없을 것이다. 자신의 언행에 무거운 책임감과 신중함을 가져야 한다는 의미다.

우리는 극심한 피로로 온몸이 아플 때 천근만근^{千斤萬斤}이라고 표현한다. 전통적으로 천^{千}과 만^{萬}은 많다는 뜻으로 사용됐다. 매우 무겁다는 의미를 과장되게 표현했지만 아픔의 강도는 잘 전달되는 사자성어다.

속담 하나를 더 살펴보자. '남의 돈 천 냥이 내 돈 한 푼만 못하다'라는 말이 있다. 아무리 보잘것없이 작은 것이라도 스스로 노력하여 직접 성취한 것만이 진정한 자신의 것이 될 수 있다는 뜻이다.

속담 속에 등장하는 푼^{分}, 냥^{兩}, 근^{斤}은 오래전부터 내려오는 전통적인 무게 단위다. 그리고 이처럼 무게를 빗댄 속담은 매우 다양한 뜻이 담겨 있다. 무게는 곧 책임감이자 신중함이고 진정성의 표현이다.

속담은 수많은
경험과 지혜 속에서 나온다.

무게의 단위는 화폐의 단위로도 사용된다. 화폐의 기준이 부피도 길이도 아닌 무게라는 것이 재미있다. 고대 화폐들은 금, 은, 동과 같은 금속을 주원료로 만들었기 때문일 것이다.

조선 후기 숙종 시대에 발행된 동전인 상평통보 1문^{文}의 무게는 2전^錢 5푼^{分}이었다고 한다.

1전은 미터법 기준 3.75g이며 1푼은 0.375g이다. 상평통보 1문^{文}의 무게는 3.75g×2=7.5g, 7.5g+(5×0.375g)=9.375g이다.

무게 단위 중 하나였던 전^{錢}은 현재 금을 잴 때 사용하는 돈^{錢}과 같은 단위다. 일제 강점기 시대에 일본식 도량형의 영향을 받아 전통적으로 사용하던 전^{錢}이 사라지고 돈^{錢}과 관^{貫}이 추가되었다. 지금도 전통적 무게 단위로 돈, 냥, 근, 관을 일부에서는 사용하고 있다.

현재 금 1돈은 3.75g이고 1돈의 10배에 해당하는 1냥은 37.5g이다. 1관은 냥의 100배로 3750g인 3kg 750g과 같다. 미터법으로 한 근은 600g이며 160돈, 16냥, 0.16관이다.

근^{斤}은 매우 오랜 역사와 전통을 가진 무게 단위이다. 지금도 생활 속에서 과일이나 고기의 무게를 잴 때 일부 쓰이고 있으며 돈, 냥, 관과 같은 십진법 체계를 따르지 않고 전통적인 단위 기준이 반영되어 있다.

근은 중국 전국시대부터 사용된 것으로 추정되고 있다. 중국 수, 당나라 때에 체계화되어 우리나라에 전해져 사용되었으며 길이의 단위인 척^尺, 들이 단위인 승^{升}과 함께 무게의 기본 도량형으로 동양 문화권에 큰 영향을 미쳤다.

세종대왕 시대에 표준도량형이 정비되기 전까지 우리나라에 전해 내려오던 근의 무게는 당나라의 당대 척 기준 약 668g이었다고 한다. 고대 중국 한나라는 약 223g을 한 근으로 정했으며 송나라 이후 한 근을 16냥인 600g으로 정립했다고 한다.

하지만 우리나라에서 사용하던 근의 고유한 기준은 조금 달랐다. 전통적으로 생활 속에서 사용되고 있던 고구려 척이나 10지척(장년 남자의 열 손가락을 표준으로 사용한 길이 단위)의 진통에 따라 한 근 무게는 약 642g이었다.

1근의 무게는 조선 후기 경국대전에 '이鑫·분分·전錢·양兩·근斤'에 대한 기록에서도 찾아볼 수 있다. 이렇게 나라마다 시대마다 차이를 보이는 도량형의 기준은 각각

경국대전.

의 고유 생활풍습과 문화에 더 적합한 형태로 개량되고 발전되었다.

현대 미터법에 따르면 1근은 600g이다. 모든 수 체계가 십진법을 기준으로 정립된 현재까지도 생활 속에서 사용되고 있는 일부 도량형은 습관화된 전통을 고스란히 따르고 있는 예중 하나다.

정육점에서 돼지고기를 살 때 한 근, 두 근이라는 용어를 사용하고 금은 한 돈, 한 냥이라고 할 때 머릿속에 더 빨리 가늠이 되는 이유도 이런 습관 때문일 것이다.

시대마다 도량형은 사회를 유지하는 매우 중요한 척도가 되었다. 역사적으로 도량형이 문란해지면 국가의 경제, 사회가 혼탁

해졌으며 도량형이 정비되고 정확한 개념을 세우면 나라가 발전한 예는 매우 많다. 대대로 국가를 통치하는 지도자가 도량형 정비에 힘을 썼던 것도 그런 이유다.

현대 인류는 테라바이트, 큐비트(양자컴퓨터 정보단위), 나노미터, 광년, 볼트, 암페어 등 새로운 개념의 기준 단위를 탄생시켰다.

새로운 척도의 출현은 인류가 완전히 다른 세계로 진입하고 있다는 신호다. 그 세계는 인류역사상 한 번도 경험해 보지 못한 새로운 세상이 될 것이다.

도량형 I 미터법

국제표준단위인 미터법을 최초로 만든 나라는 1790년 프랑스였다. 프랑스는 대혁명 이후 난립한 도량형 때문에 혼란해진 사회를 바로잡고 미래에도 변치 않을 새로운 도량형의 기준을 만들고자 했다.

이러한 열망은 프랑스 과학 아카데미를 통해 1791년 적도에서 북극을 잇는 자오선거리(지구의 북극과 남극, 관측자의 천정을 잇는 경도)의 4천만분의 1을 1m로, 가로, 세로, 높이가 각각 10cm인 물체의 체적인 1000cm³를 1ℓ로, 4℃ 물 1ℓ를 1kg으로 하는 길이, 부피, 무게에 대한 기준을 정했다. 이것이 현재 우리가 사용하고 있는 미터법의 시초이다.

미터법이 국제표준이 되기까지는 그리 순탄하지 않았다. 프랑스 국민들이 미터법을 받아들이는 데는 적잖은 시간이 걸렸을 뿐만 아니라 영국과 미국은 고유의 야드-파운드법을 사용했다. 현재도 영미 지역은 야드-파운드법을 더 익숙해한다. 야드-파운드법의 길이는 야드^{yd}, 부피는 파운드^{lb}, 시간은 초^{s}이다. 또한 피트^{ft} 마일^{mile}, 갤런^{gal}, 온스^{oz} 등의 보조단위가 있다.

우리나라 또한 미터법을 공식적으로 사용하면서도 허리둘레를 잴 때나 옷을 재단할 때 혹은 신체 치수를 말할 때는 in(인치)라는 단위를 사용한다. 날씬한 여성의 허리를 대표하는 개미허리 23의 23은 23인치를 나타내는 야드-파운드법의 영향을 받은 것이다.

대부분은 미터법이지만 신체 치수는 여전히 인치를 사용하고 있다.

미터법이 쉽고 편리한 것이 점차 알려지자 1875년 17개국이 모인 국제미터조약을 체결하게 된다.

이후 1889년 제1차 국제도량형 총회^{CGPM}를 열어 프랑스가 제안한 단위를 미터원기(국제도량형 총회에서 승인한 미터를 측정하는 표준)로 승인했다.

국제도량형 총회는 1889년 이후 2018년 제26차 총회를 맞이할 때까지 수차례 미터원기를 수정함으로써 보다 정확한 기준에 다가서게 되었고 현재 70여 개국이 국제미터조약에 가입

되어 국제표준으로 자리잡게 되었다. 현재 1m의 정의는 '빛이 진공 상태에서 2억 9,979만 2,458분의 1초 동안 진행한 거리'로 규정하고 있다.

우리나라는 1904년 미터법을 받아들였으나 생활 속에서 잘 사용되지 않다가 1963년 5월 31일부터 거래와 증명에 미터법을 사용하고 1963년 12월 31일을 기점으로 완전실시가 되었다. 그리고 1983년 1월 1일부터는 그동안 제외되었던 건물과 토지까지도 길이를 m, 무게를 kg, 부피를 cm^3로 하는 미터법이 공식도량형으로 완전히 제정되었다.

이 당시까지만 해도 빈번하게 사용되고 있던 넓이를 재는 단위인 평이 이후 공식 문서에서는 사라지게 된 것이다. 미터법에서 넓이를 나타내는 단위는 m^2(제곱미터)이다. 약 $3.3m^2$를 1평이라고 한다.

미터	m	길이
킬로그램	kg	질량 , 무게
초	s	시간
암페어	A	전류
켈빈	K	온도
몰	mol	물질량
칸델라	cd	광도

하지만 통일 도량형이 생활 도량형을 밀어내고 사람들에게 받아들여지기까지는 항상 시간이 걸린다. 아파트나 토지의 넓이를 말할 때는 23평, 26평, 3000평 등 습관처럼 사용하던 평 단위에 더 익숙해하는 사람이 여전히 많다.

우리나라 아파트는 현재 m²으로 표기하도록 되어 있지만 아직은 평 단위에 더 익숙하다.

3

여섯 다리만 건너면 모두 친구다

여섯 사람만 거치면 모두 아는 사이라는 의미
를 담고 있다. 미국에서 유행했던 케빈 베이
컨 놀이도 이 속담과 비슷하다.

지금은 추억이 되었지만, 한 때 온 국민을 한 가족으로 만들어 주던 싸이월드(인터넷 커뮤니티, 1999)의 1촌 맺기가 있었다. 우리는 가상의 인터넷 공간에서 지인뿐만 아니라 전혀 알지 못하는 사람과 1촌을 맺으며 새로운 관계를 만들어

싸이월드는 1촌 맺기로 사람들을 열광시켰다.

갔다. 1촌이라는 특별한 관계가 형성되면서부터 1촌의 1촌 그 1촌의 1촌까지도 일명 파도 파기를 통해 친분을 넓혀갈 수 있는 이 기발한 아이디어에 많은 사람이 열광했다.

촌수는 가족관계의 멀고 가까운 정도를 나타내는 한국식 관계망이다. 나를 중심으로 가족 구성원 간의 관계도와 항렬, 친밀도 등을 숫자를 통해 파악할 수 있는 관계도이다.

1촌, 2촌, 3촌, 4촌……. 순으로 숫자가 커질수록 먼 친척이 되고 8촌까지를 한 집안으로 생각하여 당내친^{堂內親}이라 불렀다. 당내친 범위 안에 있는 가족은 집안의 대소사를 의논하고 책임지며 일을 함께 도모하는 매우 친밀하고 중요한 관계였다.

　8촌이 넘어가면 친족 범주의 관계성이 옅어지기 시작한다. 친족 간의 관계를 숫자를 통해 아주 세밀하게 설정해 놓은 나라는 우리나라가 유일하다. 당내친 단위의 집안들이 서로 연결된다고 보면 결국 우리나라 인구의 대부분은 단군의 자손이자 한 가족이 되는 것이다.

　서양속담에 여섯 다리만 건너면 모두 친구라는 말이 있다. 어떤 사람도 자신을 기준으로 여섯 사람만 거치면 전부 연결된다는 의미다. 공동체 구성원 간의 네트워크에 관한 이야기다. 나

와 상관없어 보이는 사람일지라도 결국 건너건너 이어질 수 있다는 이야기다.

우리 속담에 '원수는 외나무다리에서 만난다'는 말이 있다. 모든 관계는 어디서 어떻게 다시 연결될지 모르니 되도록 좋은 관계를 맺으라는 말이다. 여섯 다리만 건너면 모두 친구라는 서양 속담과도 일맥상통하는 부분이다.

동·서양의 속담인데도 사람과 사람을 연결해주는 모티브로 다리가 등장하는 것이 매우 흥미를 끈다. 결국 이 두 속담은 인간관계의 중요성과 아무리 작은 인맥이라도 소중히 해야 한다는 가르침을 주고 있다.

6단계 분리이론

우리는 정말로 6단계만 거치면 모든 사람과 연결될 수 있는 걸까? 속담은 인간관계를 말하고 있지만, 여기에는 수리적 원리와 수학 이론이 들어 있다.

주변에 알고 있는 가족, 친구, 지인이 10명이라고 가정하자.

알고 보면 우리는 모두 서로 알고 있는 사이일지도 모른다.

친구와 지인이 10명이 안 되어도 가족을 포함한 숫자라고 생각하면 충분히 가능한 숫자이다. 6단계 인맥 안에 들어가는 사람의 수는 거듭제곱을 통해 계산할 수 있다.

내가 알고 있는 첫 인맥은 모두 10명이다. 이 10명의 지인에게도 각각 10명의 친구가 있다고 하면 2단계 인맥은 $10^2=100$명으로 늘어난다. 3번째 단계는 $10^3=1,000$명이다. 4번째 단계는 $10^4=10,000$명이다. 5번째 단계는 $10^5=100,000$명이다. 마지막 6번째는 $10^6=1,000,000$명이다.

아는 사람 10명으로부터 6번의 인맥만 연결되면 1,000,000명의 사람이 나의 인맥 안에 들어올 수 있는 것이다. 1,000,000명이면 경기도 성남시 인구 정도에 해당한다.

인간의 네트워크를 거듭제곱과 같은 단편적인 방법으로 전부 설명할 수는 없다. 인맥을 단순히 아는 사람 정도로 제한할 것인가 아니면 서로의 모든 것을 공유하는 유대감의 정도에 따라 규정할 것인가에 따라 변수는 발생할 수 있기 때문이다.

현대사회는 여섯 다리만 건너면 모두 친구라는 속담이 더 놀랍고 빠르게 적용되는 시대다. 사람과 사람이 직접 만나 인맥을 쌓아가던 과거와는 달리 이 여섯 단계의 인맥이 인터넷상에서 빛의 속도로 연결되고 있기 때문이다.

실제로 2007년 싸이월드의 재미있는 조사가 있었다. 모르는

A와 B 두 사람이 서로 알고 있는 1촌을 몇 단계 거치면 연결될 수 있는지에 대한 조사였다. 당시 우리나라 인구의 절반에 가까운 2천만 명의 회원을 보유했던 싸이월드는 이 조사를 통해 매우 흥미로운 결과를 발표했다. 그것은 모든 사람이 6단계 6촌 이내에서 서로 연결되는 확률이 98.35%라는 것이다. 4촌 안에 연결될 확률은 42.82%로 두 번째로 높았고 5촌은 34.95% 순이었다. 한국인 거의 모두가 6명만 거치면 모르는 사이도 이론상으로 친구가 될 수 있는 것이다.

여섯 다리만 건너면 모두가 친구라는 속담을 증명해주는 또 다른 사례가 있다.

1967년 미국 하버드대 스탠리 밀그램 교수는 인간관계에 대한 6단계 분리이론^{six degrees of separation}을 주장했다.

밀그램 교수는 현대사회의 인간관계를 아주 작은 수의 네트워크로 보았다. 밀그램의 6단계 분리이론 또한 모든 사회 구성원이 6단계만 거치면 연결될 수 있다는 이론이다. 이것을 증명하기 위해서 밀그램 교수는 매우 흥미로운 실험을 했다.

그 실험의 내용은 다음과 같다.

밀그램 교수는 160명의 무작위로 선정한 사람들에게 주거지에서 아주 먼 도시에 사는 특정 인물에게 편지를 전달해달라는 부탁을 한다.

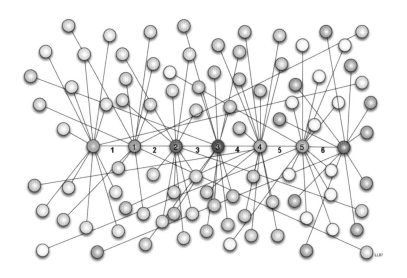

6단계 분리이론 모형도.

전달은 지인을 통해서만 가능하다. 160명의 실험 대상자들에게 수신자가 누구인지는 알려주지 않았다. 자신의 인맥을 사용하여 특정 도시의 특정인물에게 어떻게든 편지를 전달하는 것이 목적이었다.

이 실험은 매우 놀라운 결과를 보여주었다. 수신자가 누구인지도 모르는 상황에서 160명의 실험자는 수신자가 사는 도시에 최대한 연결될 수 있는 인맥들을 동원하기 시작했다.

그렇게 건너고 건너 전달된 편지 대부분이 수신자에게 제대로 전달되었으며 전달과정은 생각보다 매우 신속하게 이루어졌다.

어떤 사람은 3명의 지인에 의해 바로 전달했으며 어떤 사람은 10명의 지인을 거쳐 도달했다. 하지만 평균 6명을 넘지 않는 선에서 편지가 전달되었다.

마케팅에서 가장 무서운 것이 입소문이라는 말이 있다. 최고의 광고 플랫폼은 물건을 써본 친구다.

여섯 다리만 건너면 모두 친구라는 속담은 우리가 점점 잊어가고 있는 관계라는 것을 다시 생각하게 해준다. 동·서양을 막론하고 선인들은 인류가 절대 혼자서는 살아갈 수 없다는 그것을 경험을 통해 알고 있었다.

그래프 이론

그래프 이론은 한 개인과 집단의 사회적 관계망을 설명하는데 적용될 수 있는 수학적 기초 이론으로, 점과 점의 연결 관계를 선으로 표현하여 문제를 쉽게 표현할 수 있도록 하는 이론이다. 점과 선의 연결, 선과 점의 접점 방식과 분리되는 방식, 하위 그래프의 유무 등에 대한 것을 다룬다. 여기서 말하는 그래프는 1차,

오일러.

2차 함수에서 볼 수 있는 그래프를 의미하는 것이 아니다.

그래프 이론이 처음으로 등장한 것은 1736년 스위스의 수학자 오일러의 논문에서다. 오일러는 과거 동프로이센의 쾨니히스베르크 마을에서 제시된 문제의 해답을 찾기 위해 논문을 작성하던 중 그래프 이론을 처음으로 제시하게 된다.

쾨니히스베르크 마을은 철학자 칸트가 살던 마을이기도 하다. 쾨니히스베르크 마을은 마을을 가로지르는 프뢰겔 강에 의해 4구역으로 나뉜다. 그리고 이 지역을 잇는 7개의 다리가 있다. 언젠가부터 사람들은 이 다리를 한 번만 건너서 처음 자리로 돌아올 수 있는가? 라는 질문에 관심을 가지기 시작했다. 직접 걸어서 답사해본 사람들은 어떤 경로를 선택하더라도 7개의 다리를

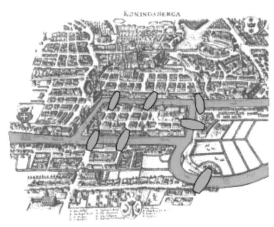

쾨니히스베르크의 다리.

한 번만 건너서 다시 제자리로 돌아오는 방법은 없다는 것을 경험적으로 알게 된다. 하지만 이것은 경험적인 방법이었을 뿐 수학적으로 증명된 것은 아니었다.

이 문제를 수학적으로 증명해낸 사람이 레온하르트 오일러다. 오일러는 직접 걷지 않고 점과 선을 이용해 이 문제를 매우 단순화시켰다. 그 방법은 쾨니히스베르크 마을의 4지역을 점으로 7개의 다리

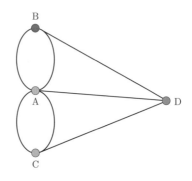

를 선으로 표시하여 점과 점을 잇는 '한붓그리기' 문제로 만든 것이다. 현대위상 수학의 탄생이었다.

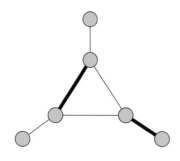
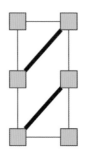
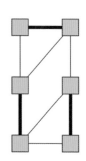

그래프 이론의 그래프 예.

여기서 비롯된 수많은 수학적 증명들은 후에 그래프 이론의 기초가 되었으며 수학적 증명을 떠나 물자 수송로 조사, 전기 통신망, 패턴인식, 인간관계망, 회사의 조직도, 가계도, 전기회로 배선 등 수학, 과학, 사회학에 걸쳐 수많은 분야에 응용되고 있다.

케빈 베이컨의 6단계 법칙

　케빈 베이컨은 1978년 할리우드에 데뷔한 정상급 배우다. 다양한 캐릭터를 소화해내며 수많은 영화에 출연한 배우로도 유명하다.

　오랜 배우 생활과 다양한 작품에 출연했던 케빈은 방대한 인맥의 소유자였다.

　어느 날 한 토크쇼에 케빈 베이컨과 함께 출연한 대학생들이 있었다. 이들은 수많은 할리우드 배우들과 케빈과의 연결고리를 증명하겠다고 했다. 그들은 설령 케빈을 모르는 사람일지라도 4명~6명만 거치면 모두 케빈과 연결될 수 있다는 흥미로

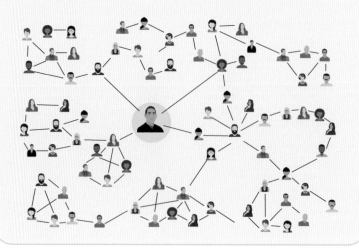

운 주장을 펼쳤다. 실제로 대학생 패널들은 관객들이 호명하는 유명인들과 케빈과의 연결 관계를 즉석에서 보여줌으로써 엄청난 화제를 불러일으킨다.

이 방송은 곧 케빈 베이컨 놀이로 유명해지며 미국 전역에 퍼져나가기 시작했다.

주 시청자층인 대학생들에게 특히 인기를 끌게 된 케빈 베이컨 놀이는 자신의 인맥과 케빈 베이컨이 어떻게 연결되는지를 찾는 즐거운 게임으로 변신하게 되었다.

결국 케빈 베이컨 놀이는 단순한 게임을 넘어 사회학의 연구 주제로 발전했고 케빈 베이컨의 6단계 법칙이 탄생하게 되었다.

케빈의 인맥 중 한 사례로 유명 팝가수 엘비스 프레슬리가 있다. 케빈이 과거 JFK라는 영화에서 동반 출연한 에드워드 애스너Edward Asner는 과거 엘비스 프레슬리와 체인지 오브 해빗 Change of Habit이라는 영화에 함께 출연한 적이 있었다. 케빈과 엘비스는 2단계만에 연결되었다.

엘비스 프레슬리.

모 아니면 도

어떤 일의 성공여부는 0 아니면 100이란 의미
로, 극단적 상황일 때를 말한다.

요즘은 찾아보기 힘든 광경이지만 명절에 즐기는 윷놀이는 매우 흥미진진한 민속놀이 중 하나였다. 윷놀이는 삼국 시대까지 거슬러 올라갈 정도로 아주 오랜 세월을 우리와 함께한 민속놀이다.

윷가락이 놓인 상태에 따라 이름 붙인 도, 개, 걸, 윷, 모는 각각 돼지, 개, 양, 소, 말을 의미한다.

윷놀이와 비슷한 놀이로 고두놀이가 있다. 단원 김홍도의 고두놀이〈단원풍속도첩〉.

윷가락의 볼록한 부분을 등, 평평한 부분을 배라고 하며 4개의 윷가락을 던져 윷가락의 패에 따라 윷말의 전진 가능한 수가 결정된다. 윷가락 4개 중 하나가 배를 보이는 것을 도, 두 개는 개, 세 개는 걸, 네 개가 전부 배를 향하는 것을 윷, 반대로 네 개가 전부 등을 보이는 것을 모라고 한다.

윷놀이에는 윷가락 이외에도 윷말과 윷말판, 깔판이 필요하다. 윷말판에는 29개의 밭이라는 점이 찍혀 있다. 동, 서, 남, 북 방향과 가운데 큰 밭이 있고 큰 밭과 큰 밭 사이에는 작은 밭이 있다. 바깥쪽은 4개씩 사각형 모양으로 밭이 찍혀 있고 중앙점에서 동, 서, 남, 북 방향으로 2개씩 작은 밭이 찍혀 있다. 이러한 모양의 말판을 방 말판이라고 한다. 윷가락을 던지는 깔판은 주로 짚방석이나 멍석을 사용한다.

윷말판과 윷말.

윷말은 번갈아서 던지는 윷가락의 패에 따라 전진을 한다. 도, 개, 걸, 윷, 모에 따라 윷말을 전진시키는 것을 끗수라 한다. 끗수의 순서는 다음과 같다.

도는 한 번, 개는 두 번, 걸은 세 번, 윷은 네번, 모는 다섯 번이다.

가장 많이 전진할 수 있는 것은 모가 연속적으로 나오는 경우다. 혹시라도 엄청난 행운이 찾아와서 모나 윷이 계속 반복되면 경기에서 승리하는 것은 식은 죽 먹기이다. 왜냐하면, 윷이나 모가 나오면 던질 기회를 한 번 더 주기 때문이다. 하지만 그런 행운이 계속될 경우는 많지 않다.

윷놀이는 재미있는 규칙이 많이 숨겨져 있다. 이러한 규칙은 윷놀이의 재미를 한층 즐겁게 한다. 또 경기에 참여한 사람들끼리 새로운 변수를 만들어 함정을 만들거나 규칙을 변화시키면 더 흥미진진한 놀이를 즐길 수 있다.

놀이 방법은 4개의 윷가락을 상대방과 번갈아 던져서 나오는 끗수에 따라 윷말을 시계 반대방향으로 진행시킨다. 이후 다시 출발점으로 윷말을 먼저 가져오는 사람이 이기는 놀이다. 이것을 동나기라고 하는데 4개의 동을 먼저 나는 사람이 승자가 된다.

	도
	개
	걸
	윷
	모

실제로 윷말을 이동시켜 출발점으로 다시 돌아올 수 있는 가장 짧은 끗수는 걸-개-걸-걸이나 윷-도-걸-걸, 모-걸-걸이 나오는 방식이다. 그중에서도 3번 만에 출발점으로 들어올 수 있는 끗수는 모-걸-걸이 단연 최고가 될 것이다.

만약 첫 번째 윷가락을 던졌을 때 모가 나온다면 굉장한 행운을 잡은 것이다. 한 번 더 던질 기회가 주어지기 때문이다. 한 번의 기회를 더 얻어 두 번째 윷가락이 걸이 나온다면 행운에 행운이 겹치는 것이다. 만약 세 번째 윷가락도 걸이라면 두 번의 기회로 하나의 윷말이 윷판을 통과할 수 있다.

윷놀이는 온가족이 모여 즐기는 민속놀이이다.

그래서 모가 나오는 것은 매우 큰 행운의 시작이 될 수 있다.

이것은 어디까지나 상대방에게 내 말이 잡히지 않았을 때 얘기다. 이런 변수가 윷놀이의 즐거움을 더해준다.

반대로 도가 나온다면 어떻게 될까? 도는 모와 반대로 한 번의 전진이 가능하다. 도는 백도(back 도)라 하여 온 길을 다시 돌아가는 규칙도 만들어 사용한다. 하지만 이것이 전통적인 규칙인지는 알 수 없다.

때론 한 번의 전진으로 승패가 결정되는 때도 있다. 거의 돌아온 윷말이 상대방에게 잡히거나 원하는 윷가락이 나오지 않아 승리를 눈앞에서 놓치는 경우도 있다.

윷놀이 최고의 매력은 무엇이 나올지 알 수 없다는 것이다. 알 수 없다는 것이 주는 짜릿한 흥분과 쾌감이 윷놀이에 빠져들게 한다.

우리 속담에 '모 아니면 도'라는 말이 있다. 도와 모는 윷놀이 끗수 중 가장 낮은 숫자와 가장 높은 숫자를 의미한다. 이 속담은 어떤 일의 성공 여부가 100 : 0이라는 뜻에 더 가깝다. 인생을 모 아니면 도의 마음으로 산다면 어떨까? 하루하루가 가시밭길을 걷는 기분이 들 것이다. 우리에게 모 아니면 도라는 속담은 결코 긍정적인 말처럼 들리지 않는다.

가장 좋은 패인 모가 아니면 가장 나쁜 패인 도가 나올 수 있는 일에 과감하게 뛰어드는 상황은 불안함을 동반한다. 대부분 모가 나올 것이라는 믿음으로 시작하겠지만 50%에 해당하는 도를 감수해야 하는 매우 위험할 수 있는 일이다.

대부분 사람은 모 아니면 도인 상황에 내몰리는 것을 좋아하지 않는다. 매우 극단적일 수 있기 때문이다. 도가 나올 수도 있는 절체절명의 순간을 생각하고라도 모든 것을 다 얻을 수 있는 모를 위해 한방 배팅을 하는 것은 도박이기 때문이다.

산술적으로 윷가락이 나올 수 있는 경우의 수를 계산해보면 모보다 도가 나올 확률이 더 높다. 상식적으로 생각해보아도 4개의 윷가락 중 하나만 배를 보이는 도보다 4개 모두가 등을 보이게 될 경우의 수가 더 적다. 경우의 수가 낮으면 당연히 확률적으로도 낮아지는데 왜 우리는 더 낮은 확률의 모를 도와 견주는 것일까?

여기에는 생각지도 못한 과학과 수학의 비밀이 숨겨져 있다. 윷가락은 모양이 좀 특별하다. 육면체의 면이 일정한 모양으로 만들어진 서양의 주사위와는 다르게 윷가락은 등과 배면의 모양이 다르다. 윷가락은 원통형 나무토막을 반절로 나누어 만든 것이 아닌 약 3분의 1지점에서 잘라 만든 독특한 형태를 띠고 있다. 윷가락의 등이 배보다 더 넓게 설계되어 있다.

여기에는 엄청난 각도의 비밀이 숨겨져 있다. 윷가락을 위로 던지면 떨어지는 각도에 따라 무게 중심이 달라진다. 윷가락은 등이 배보다 더 넓으므로 무게 중심이 등 쪽으로 더 치우쳐 있다. 그래서 등 쪽으로 뒤집혀 배를 보일 확률이 더 높은 것이다.

이에 반해 윷가락을 던지지 않고 굴리게 되면 상황은 달라진다. 구르는 힘으로 무게 중심이 평평한 배 방향으로 옮겨져 배 방향으로 뒤집힐 확률이 더 높다. 따라서 던지면 배, 굴리면 등이 나올 확률이 올라간다는 것이다.

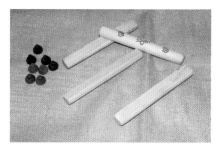

윷놀이는 윷판의 상태, 윷가락의 형태, 굴리는 사람의 능력에 따라 결과가 더 흥미진진해진다.

여기서 우리가 생각해 볼 점이 있다. 단순한 수학 계산에 의하면 모가 나올 경우의 수가 도가 나올 경우의 수보다 현저히 떨어지지만 4개의 윷가락을 던지지 않고 굴리게 되면 결과가 바뀔 수 있다.

수리적 계산에 의하면 도가 모보다 훨씬 높은 확률이지만 던지는 방법까지 계산에 넣는다면 숫자만으로 장담할 수 없는 또 다른 확률의 세계가 펼쳐질 수 있는 것이다.

사람의 손끝에서 나오는 떨림, 윷판을 깐 바닥의 상태, 앞뒷면이 다른 윷가락, 던지고 굴리는 방법 등은 윷놀이의 긴장감을 더욱 높여주는 다양한 변수들이다.

어쩌면 모 아니면 도라는 속담은 이분법적인 계산으로 성공 여부를 판가름하는 냉혹한 의미가 아닌 다양한 변수에 의해 바뀔 수도 있는 삶의 희망을 말하고 있는 것일지도 모른다.

경우의 수

경우의 수는 어떤 일을 할 때 벌어질 수 있는 가짓수를 말한다. 4개의 윷가락에서 나올 수 있는 경우의 수는 모두 16개이다.

윷가락 한 개에서 나올 수 있는 패는 등과 배의 두 가지 경우가 있다. 윷놀이할 때 모두 4개의 윷가락을 동시에 던지기 때문에 여기에서 나올 수 있는 모든 경우의 수는 $2 \times 2 \times 2 \times 2 = 2^4 = 16$이 된다.

여기서 도, 개, 윷, 걸, 모가 나오는 경우의 수를 구해보면 다음과 같다.

윷가락	A	B	C	D	경우의 수
도	O	X	X	X	4개
	X	O	X	X	
	X	X	O	X	
	X	X	X	O	
개	O	O	X	X	6개
	X	X	O	O	
	X	O	O	X	
	X	O	X	O	
	O	X	X	O	
	O	X	O	X	
걸	O	O	O	X	4개
	X	O	O	O	
	O	X	O	O	
	O	O	X	O	
윷	O	O	O	O	1개
모	X	X	X	X	1개

(O배 ×등)

표에서 보는 것과 같이 경우의 수는 도 4개, 개 6개, 걸 4개, 윷 1개, 모 1개다. 경우의 수가 클수록 확률은 높아진다. 윷놀이에서 가장 많이 나올 확률의 패는 개다.

도와 걸은 같은 확률을 가지고 있다. 가장 작은 확률은 모와 윷이다. 이와 같은 경우의 수는 동전 던지기나 주사위 놀이에서도 찾아볼 수 있다.

로또에 당첨될 확률

일주일을 희망과 기대 속에서 지낼 방법이 있다면 무엇일까? 그것도 단돈 1000원으로 말이다. 생각만 해도 아주 기분이 좋아지는 이 일은 바로 로또를 사는 일이다.

로또.

45개의 숫자 중 6개의 숫자를 고르는 순간은 맛있는 음식이 잔뜩 차려진 뷔페에서 어떤 걸 먼저 먹어야 하는지 행복한 고민에 빠진 아이처럼 매우 흥분되는 일이다.

설혹 당첨되지 못해도 엄청난 부자가 되면 무엇을 할까를 상상하며 즐거운 희망을 주었으니 1000원 값은 충분히 보상받았다며 위로받기도 한다.

이렇게 매주 희망만 주고 사라지는 로또는 당첨 가능성이 얼마나 되는 것일까?

로또의 확률을 수학적으로 계산해보면 다음과 같다.

로또는 45개의 숫자 중 6개를 고르는 방식이다. 확률은 나올 수 있는 경우의 수를 전체 경우의 수로 나누는 것이다.

첫 번째 수를 고를 확률은 $\frac{6}{45}$이다. 두 번째 수는 첫 번째 고른 숫자가 빠진 $\frac{5}{44}$다. 세 번째 수는 $\frac{4}{43}$다.

이런 방식으로 여섯 개의 숫자를 고를 확률은 $\frac{6}{45} \times \frac{5}{44} \times \frac{4}{43} \times \frac{3}{42} \times \frac{2}{41} \times \frac{1}{40}$이 된다. 이것을 모두 계산하면 로또에 당첨될 확률은 $\frac{1}{8,145,060}$이 된다. 이 확률은 우리가 벼락에 맞을 확률인 $\frac{1}{6,000,000}$보다 훨씬 낮은 확률이다.

$\frac{1}{8,145,060}$인 로또 당첨이 $\frac{1}{6,000,000}$인 벼락 맞을 확률보다 더 낮다.

서울에서 김 서방 찾기

우리나라에서 가장 많은 사람이 모여 살고 있는 서울은 가장 많은 김 씨 성을 가진 사람들이 사는 곳으로 서울에서 김 서방 찾기가 극히 어렵다는 의미를 담고 있다.

이런 우스갯소리가 있다. 남산에서 돌을 던지면 대부분 58년 개띠가 맞는다.

과학적으로 증명된 이야기는 아니지만 그렇다고 단박에 무시하기도 어려운 이야기다. 이유는 우리나라 인구 중 58년 출생자가 가장 많은 분포를 보이기 때문이다.

이와 맥락을 같이 하는 이야기가 또 있다. 서울 종로 거

남산에서 돌을 던지면 58년 개띠가 맞을 확률이 가장 높다고 한다.

리에서 누군가를 부르면 가장 많이 돌아보는 성씨가 있다. 그것은 김 씨다. 우리나라에서 가장 많은 성씨가 김 씨기 때문이다.

우리 속담에 '서울에서 김 서방 찾기'라는 말이 있다. 불가능

에 가까운 일을 빗대어 표현할 때 사용하는 속담이다. 서울에서 김 서방을 찾는 일이 얼마나 어려우면 이런 속담이 생긴 것일까?

서울은 대대로 엄청난 인구가 사는 가장 큰 도시다. 엄청난 인구수 속에서 사람을 찾는다는 것은 매우 어렵다. 그중에서도 확률적으로 가장 많은 김씨 성을 가진 사람을 찾는 것은 더 어려운 일이다.

'서방'은 결혼한 남자를 부를 때 쓰는 말이다. 서울에서 결혼한 김 씨 성을 가진 장년의 남자를 찾는 일은 쉽지 않다. 김 씨가 가장 많고 찾는 이의 단서가 너무 부족하기 때문이다. 근거와 단서도 없이 무턱대고 찾을 수는 없다. 아니 김 서방을 찾을 가능성은 거의 없다고 보는 것이 맞다.

대한민국 인구의 약 $\frac{1}{4}$이 서울에 모여 살고 있다.

우리나라에는 약 5500여 개의 성씨가 있다. 근래에 새롭게 생긴 성씨를 빼면 1985년까지만 해도 우리나라 성씨는 약 275개였다. 조선 시대부터 내려온 성씨가 대략 250~300개를 넘지 않았다고 하니 대부분 이 시대의 성씨이다.

우리와 가까운 일본만 보더라도 성씨의 숫자가 약 10만여 개로 우리의 약 20배가 넘는다. 남북한 합친 인구를 고려하고서라도 일본은 인구대비 매우 많은 성씨를 가지고 있다.

그래서 일본에서는 한 반에 같은 성씨를 가진 친구를 거의 찾아볼 수 없다. 일본에서 가장 많은 성씨 중 하나인 사토^{佐藤}도 전체 일본 인구에 비하면 1% 남짓이라고 하니 일본이 얼마나 많은 성씨를 사용하는지 알 수 있다.

이런 양상은 서구권도 마찬가지다. 이름보다는 성을 더 많이 사용하는 서양 사람들도 성씨의 숫자가 매우 많다. 집안의 장자가 아닌 둘째나 셋째인 경우, 분가를 하면서 성을 새롭게 만들기도 했기 때문이다.

서구사회와 일본에서는 여자가 결혼하면 전통적으로 남편 성을 따르고 본인의 성씨를 바꾸는 것에 대해 매우 유연한 사고를 하고 있다. 그래서 굳이 이름을 부르지 않고 성만 불러도 사람을 구분할 수 있다. 어쩌면 뉴욕에 사는 스미스 씨를 찾는 것이 김 서방을 찾는 것보다 쉬운 일인지도 모른다.

이에 반해 한국은 자신이 속해 있는 집안과 조상에 대한 강한 유대감을 성씨를 통해 느끼고 있다. 과거에는 같은 김씨라 하여도 무슨 김씨인지, 본관이 어디인지를 묻곤 했다. 이것은 한국인들에게 있어 정체성을 갖게 하는 매우 중요한 의례였다.

한국인들에게 성을 바꾼다는 것은 상상할 수조차 없는 일이다. 성을 갈겠다거나 호적에서 빼겠다는 말이 있을 정도로 성씨는 개인의 정체성을 상징하는 모든 것이었다.

한국의 성씨 중 압도적으로 많은 성씨는 김이다. 같은 반에 김씨 성을 가진 학생으로 출석부 10번까지 채우는 일은 그리 어렵지 않을 정도다. 그래서 한국에서는 성만 불러서는 사람을 구분

한국인에게 성씨는 개인의 정체성을 상징한다.

할 수 없다. 실제로 2018년 평창 동계올림픽에서 컬링국가대표 선수들의 이름이 외신에 화제가 된 적이 있었다. 팀 선수 5명의 성이 모두 김 씨였기 때문이다. 서양 기자들에게는 5명 모두가 김 씨라는 사실이 매우 신선하고 신기한 일이었다고 한다.

그런 이유로 한국인들이 성만 부르는 경우에는 꼭 직위나 호칭을 붙여 김 부장님, 박 사장님, 최 여사님, 윤 대표님이라고 부른다.

지난 2015년 통계청에서 실시한 인구주택총조사 결과 한국에서 가장 많은 성씨는 김 씨로 판명되었다. 김 씨는 우리나라 전체 인구 약 4900만 명 중 1069만 명으로 21.5%에 해당한다.

또한 한국의 10대 성씨인 김, 이, 박, 최, 정, 강, 조, 윤, 장, 임은 전체 인구의 63.9%에 해당한다.

조사 결과에서도 알 수 있듯이 한국인의 성씨는 10개 남짓의 성씨에 집중적으로 몰려 인구 대부분이 분포하고 있다. 그 중에서도 한국을 대표하는 성씨인 김, 이, 박 중에 김 씨는 인구 $\frac{1}{5}$에 해당하는 독보적인 수를 자랑한다. 우리가 스쳐 지나가는 5명 중 한 명은 김

통계청 홈페이지.
http://kostat.go.kr/portal/korea/

씨일 확률이 높다는 얘기다.

　성씨의 인구 분포를 조사한 최신자료는 2015년 통계청에서 실시한 시도별 성씨 인구 순위를 참조하면 된다. 통계에 의하면 서울에 거주하는 김 씨는 전체 김씨 성을 가진 사람 10,690,000 명 중 2,026,000명으로 약 21.1%에 해당한다. 이것은 전체 인구에서 김 씨가 차지하는 비율과 비슷하다. 결론적으로 우리나라에는 김 씨 성을 가진 사람이 인구의 $\frac{1}{5}$인 약 20%를 차지하며 그중 20%는 서울에 살고 있다는 이야기가 된다.

　자, 이제 김 서방을 찾을 수 있을까? 서울에 사는 2백 2만 6천 명의 김 씨 중에 김 서방을 찾기 위한 여정은 이제 시작이다. 조

무수히 많은 서울 사람들 속에서 김 서방 찾기는 얼마의 확률에 도전하는 것일까?

금씩 단서를 더 압축해보자.

2015년 통계청의 통계를 기반으로 서울에 사는 김 씨는 2백 2만 6천 명이다. 이 중 전체 서울 인구 기준 남자가 차지하는 비율이 약 49.2%이므로 인구수로 환산하면 약 996,792명이 나온다.

현재 서울의 인구는 2019년 12월 행정안전부 통계 9,729,107명이다. 이 중 남자는 4,744,059명으로 서울시 전체 인구의 약 48.7%에 해당한다. 서울 인구는 2015년 대비 10,022,181(외국인 미포함)에서 약 3만 명 감소했고 남자는 4,930,943에서 약 2만 명 감소했다.

2015년 통계와 2019년 통계가 4년의 시차가 있어 전체적으로 감소한 것을 참작하고 어림잡아 계산해보자면 서울에 사는 김 씨 성의 남자는 나이에 상관없이 약 98만여 명이다. 김 서방이라는 호칭을 유추해볼 때 기혼자라는 것을 알 수 있다. 그렇다면 일반적으로 결혼을 한 20~60대로 추정되는 나이다.

2015년 서울 통계연보에 따르면 서울에 사는 20~61세까지의 남성 인구는 서울 전체 남성 인구인 5,109,013명의 70%에 해당한다. 서울에 김씨 성을 가진 남성을 약 98만여 명으로 추정해 보았을 때 서울 통계연보를 적용해보면 98만×0.7=686,000명이 나온다. 결론적으로 서울에서 김 서방을 찾을 확률은

$\dfrac{1}{686,000}$ 인 약 0.0000014%인 것이다.

물론 통계라는 것이 단편적인 어림짐작으로 계산해서는 정확한 데이터를 출력할 수 없다는 것을 잘 알고 있다. 통계의 영역은 확률, 미분, 함수 등 복잡하고 정교한 고등 수학의 기반 아래서 만들어진다. 그래서 통계학은 수학이라고 해도 과언이 아니다.

2015년의 통계 기준이고 많은 변수를 제외하기는 했으나 우리가 접할 수 있는 통계자료를 참고해 유추해본 결과, 우리는 약 686,000명의 김 서방을 만나야 한다.

686,000명! 벌써 머리가 아프고 포기하고 싶은 마음이 생

통계그래프는 상황에 따라 달라지지만 사람들이 객관적이라고 믿게 하는 마법 같은 힘을 가지고 있다.

길 것이다. 하지만 다음 숫자를 보면 김 서방 찾기의 수고로움이 별거 아니게 느껴질지 모른다. 그것은 번개에 맞을 확률과 로또를 맞을 확률이다. 벼락에 맞을 확률은 $\frac{1}{6,000,000}$ 로 약 0.00000017%이고 로또에 맞을 확률은 $\frac{1}{8,145,060}$ 으로 약 0.00000012%에 해당한다.

서울에서 김 서방을 찾을 확률이 번개에 맞을 확률과 로또에 맞을 확률보다는 10배 이상 높다. 이제 서울에서 김 서방 찾기는 불가능한 일이라고 행여나 생각하지 말자. 우리는 매주 그보다 열 배 이상의 낮은 확률에 희망을 걸고 벼락부자가 되는 상상을 하며 기분 좋은 일주일을 보내고 있기 때문이다.

확률

확률은 어떤 사건이 일어날 가능성을 수로 나타낸 것으로 어떤 사건 A가 일어나는 경우의 수를 일어나는 모든 경우의 수로 나눈 것을 말한다.

파스칼의 초상화.

확률이론이 처음으로 정립된 것은 프랑스의 수학자 파스칼이 그의 친구 드 메레Méré로부터 받은 편지 한 통으로부터 시작되었다.

도박을 너무나 좋아했던 파스칼의 친구 드 메레는 도박 중 벌어진 한 사건에 대해 파스칼에게 다음과 같이 질문했다.

1 실력이 비슷한 두 사람이 도박을 했다

2 먼저 세 번 이긴 사람이 64피스톨을 가지기로 했다.

3 A가 두 번 이기고 B가 한번 이겼다. 그런데 도박이 중단되었다.

4 그렇다면 피스톨을 어떻게 나누어야 할까?

이 문제에 대한 답을 구하기 위해 고심하던 파스칼은 최고의 수학자였던 페르마와 상의했다. 페르마와 파스칼이 이 문제의 답을 찾는 과정은 다음과 같다.

1회전   A 승리 B 패배

2회전   A 승리 B 패배

3회전   A 패배 B 승리

4회전   A가 승리–경기 끝. B가 승리–5회전

5회전   A가 승리–경기 끝. B가 승리–경기 끝

A가 이길 확률   4회전 승리확률+4회전에서 지고 5회전

이길 확률 $\dfrac{1}{2}+\left(\dfrac{1}{2}\times\dfrac{1}{2}\right)=\dfrac{1}{2}+\dfrac{1}{4}=\dfrac{3}{4}$

B가 이길 확률   4회전 승리하고 5회전 승리할 확률

$\dfrac{1}{2}\times\dfrac{1}{2}=\dfrac{1}{4}$

∴ A 피스톨 $64\times\dfrac{3}{4}=48,$ B 피스톨 $64\times\dfrac{1}{4}=16$

결론은 A는 48피스톨, B는 16피스톨을 가져가면 된다.

마른하늘에 날벼락 칠 확률

확률과 통계는 우리 생활에 매우 중요한 요소이자 피부에 와 닿는 수학의 영역일 것이다. 우리는 매일 확률 속에서 살아가고 있다. 그중에서도 우리 생활과 가장 밀접하게 연결된 확률은 일기예보다.

수학을 활용하고 있는 수많은 확률 문제 중 일기예보만큼 어려운 확률은 없다. 생각해야 할 변수가 너무나 많기 때문이다. 이때 필요한 것이 통계다.

마른하늘에 날벼락을 칠 확률은 과거에 있었던 사건을 기초

마른하늘에 날벼락이 칠 확률은 매우 낮다.

로 예측을 해야 한다. 하지만 날씨는 주사위 던지기나 윷놀이의 확률과는 또 다른 면이 있다. 과거에 마른하늘에 날벼락이 쳤던 통계가 60%라고 해도 앞으로 60%가 될 확률은 '알 수 없다'이다.

기상예보는 엄청나게 빠른 속도로 연산을 처리하는 슈퍼컴퓨터가 필요하다. 우리나라에서 가장 연산속도가 빠른 슈퍼컴퓨터는 KIST의 누리온과 2016년 기상청에 도입된 슈퍼컴퓨터 4호기 누리와 미리다.

실제로 우리나라 기상 데이터를 위한 시설은 지상관측소

유럽의 정지 궤도 기상 위성이 보내온 정보를 관리 분석하는 모습.

588개, 고층기상관측소 15개, 해양관측소 113개, 해양기상 관측선 1척, 기상레이더 10개, 낙뢰 관측장비 21개, 항공기상 관측장비 8개, 지진 관측장비 156개 등이 있다.

하지만 많은 관측소와 관측장비에도 불구하고 감사원의 감사결과 2011~2016년까지 5년 동안 강수 유무 적중 확률은 46%였다고 한다.

6

모로 가도 서울만 가면 된다

수단과 방법을 가리지 않고 자신이 원하는 결과를 나오게 하면 된다는 의미이다. 과정보다 결과를 중시하는 결과지상주의의 뜻이 담겨있다.

네비게이션이 없던 시절, 서울을 가려면 어떻게 해야 했을까? 산 넘고 강 건너 무작정 걷기만 한다고 서울에 갈 수 있는 것은 아니었을 텐데 말이다. 더구나 서울이 초행길인 사람에게 서울로 가는 길은 흥분되는 모험이자 고생의 시작이었을지도 모른다.

한양을 향한 길은 험한 산길과 산짐승, 도적을 염려하며 가는 길인 만큼 당시 사람들은 안전하고 빨리 갈 수 있는 길을 찾고자 했다.

'달아 노피곰 도다샤~~'로 대표되는 고대 백제 가요 〈정읍사〉가 있다. 행상 나간 남편의 생사를 걱정하다 결국 망부석이 되어버리는 아내의 애절한 마음이 잘 담겨 있는 고대 가요이다.

일각 여삼추라는 시의 한 구절이 있다. 타국에서 돌아오지 않는 남편을 기다리는 아내의 마음을 읊은 춘추시대《시경》에 담긴 왕풍^{王風}의 〈채갈^{采葛}〉 중 한 구절이다.

정읍사와 왕풍의 〈채갈〉에서 볼 수 있듯이 여행자를 기다리는 가족의 마음은 나라와 시대를 불문하고 애절하기 그지없다.

그래서일까? 우리 민담에 자주 등장하는 나그네는 가족들의 걱정만큼이나 많은 어려움에 직면했다. 날이 어두워져 길을 잘못 들기 일쑤였다. 어둡고 깊은 산 속에서 구미호도 만나고 까치를 구해줘 은혜도 입고 때로는 도깨비와 씨름도 하는 어드벤처^{adventure} 영화의 주인공이었다.

변변한 연락수단이 없었던 시절 길을 잃어 헤매기는 부지기수였을 것이고 사람을 붙잡고 묻는 것도 일상다반사처럼 했을 것이다. 그런데도 나그네들이 서울에 도착할 수 있었던 이유는 나름 체계를 잡고 있던 이정표들의 역할이 있었기 때문이다. 그 대표적인 것 중 하나가 조선 시대 장승이다.

고을마다 시, 도 경계마다 서 있는 장승의 목적 중 하나는 이정표와 지역의 경계표시였다. 지금의 고속도로 표지판과 같은 역할인 것이다.

'모로 가도 서울만 가면 된다'는 수단과 방법을 가리지 않고 자신이 원하는 결과만 나오면 된다는 의미를 지닌 속담이다. 과정보다는 결과가 더 중요하다는 결과지상주의의 뜻을 담고 있다.

장승.

하지만 달리 해석해보면 길을 잃어 돌아가든 지름길인 험한 산을 결심하고 넘든 길눈 밝은 길잡이를 고용해 단숨에 도착하든 어떤 고난과 역경을 뛰어넘고서라도 목적지에 도착하려는 강한 의지를 표현한 속담은 아닐까도 생각해본다.

오히려 불필요한 형식과 복잡한 절차에 얽매어 목적을 잃어버리고 과정에만 몰두하는 비효율성을 지적하는 속담으로 생각해볼 수도 있다. 단순히 길을 찾는 여행에서 모로 갈 확률이 너무나 높았던 시절에는 서울에 도착하는 일만으로도 무탈한 여행의 증거가 되었을지 모른다.

현대는 GPS와 GIS(지리정보시스템) 시스템의 발달로 인해 한 치의 오차 없는 방향 설정이 가능하다. 그것도 첨단 시스템들은 최단거리. 최소시간, 최적도로 등 사용자의 다양한 요구에 적합한 서비스를 제공한다.

설사 길을 잃는다고 해도 알아서 경로를 다시 찾아주고 네비게이션의 똑똑함을 의심만 하지 않는다면 절대 모로 갈 일 없이 서울에 잘 도착할 수 있다.

현대사회는 GPS를 이용해 어디든 찾아 갈 수 있다.

이 속담에 등장하는 '모로'는 비스듬하게, 옆으로, 대각선으로 라는 뜻을 가진 순우리말이다. 정확한 길, 바른 길과는 반대로 어긋난 길, 잘못 든 길, 정당하지 못한 길 등 부정적인 의미로

비스듬하게 또는 대각선 등을 뜻하는 순우리말 모로는 어긋나거나 정당하지 않거나 잘 못 든 길을 의미한다.

쓰이고 있다.

자신이 있는 위치에서 서울로 가는 가장 빠른 길은 직선이다. 우리가 2차원 지도상에서 산이나 강, 바다를 무시하고 목적지까지 가는 최단 경로를 찾는다고 가정했을 때 가장 빠른 길은 자를 대고 출발지와 도착지의 두 점을 직선으로 연결한 경로이다. 이보다 더 빠른 경로는 존재하지 않는다. 하지만 대각선은 직선보다 더 긴 거리다. 대각선이 직선보다 빠를 수는 없다.

속담 안에 표현된 모로의 개념을 보면 옛 선조들의 생활 안에 도형과 좌표에 대한 수치적 경험이 있었다는 것을 유추해볼 수 있다.

한양은 선조들에게 과거 시험을 비롯해 다양한 목적을 가지고 찾아가는 곳이었다.

기하학

대각선은 이웃하지 않는 두 꼭짓점을 잇는 선분을 말하는 것으로 대각선의 개수를 통해 다각형의 모양을 알 수 있다. 유일하게 대각선이 없는 도형이 삼각형이다. 대각선이 두 개인 도형은 사각형, 5개의 대각선을 가진 도형은 오각형, 9개의 대각선을 가진 도형이 육각형이다.

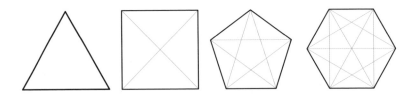

기하학에서 도형은 물체의 위치와 모양, 크기를 나타내는 것을 말한다. 도형의 종류에는 평면도형과 공간도형이 있다. 공간도형 중 길이, 폭, 두께를 가진 도형을 입체도형이라고 한다.

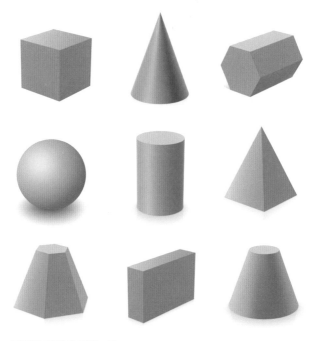

다양한 형태의 입체도형.

기하학은 수학의 영역에서 매우 중요한 부분 중 하나이다.

이집트 사람들은 매년 나일강의 범람 때문에 유실된 땅을 다시 재정비하는 일을 반복했다. 이러한 환경적 영향으로 이집트는 토지 측량 기술이 발달할 수밖에 없었고 그 핵심에 기하학이 있었다.

이집트의 기하학은 고대 그리스로 전해지며 탈레스와 피타고라스에 의해 더 구체화하고 발전되었다. 탈레스의 삼각형 합동과 비례, 피타고라스의 증명이 탄생했으며 유클리드는 그리스의 기하학을 집대성했다. 우리가 학교에서 배운 도형의 합동과 닮음, 작도 등이 유클리드 기하학이다.

기하학의 시작은 이집트였으나 학문적 기틀을 세운 곳은 그리스다. 피타고라스학파는 오각형 작도를 처음으로 알아냈으며 이것을 계기로 오각형 모양의 배지를 달고 다녔다고 한다. 서구 사회에서 오각형의 꼭짓점을 이은 별 모양은 현재까지도 고귀함과 특별함의 상징으로 인식되고 있다.

17세기에 접어들면서 데자르그, 파스칼에 의해 사영기하학이라는 새로운 영역이 정립되었다. 이것은 기하학이 미술과 만나 공간 속의 도형을 화폭으로 옮기기 위한 원근법에서 탄생한 기하학이다.

미국의 펜타곤은 오각형 별의 모양을 하고 있다.

현대의 사영기하학은 컴퓨터 그래픽, 증강현실, 컴퓨터 애니메이션, 로봇, 3D 게임 등에 매우 중요하게 활용되고 있다.

또한 데카르트, 페르마에 의해 근대 해석기하학이 발전하게 된다. 처음으로 좌표개념을 기하학에 이용한 데카르트의 이론은 좌표를 통해 대수와 기하의 문제를 서로 대응시키며 대수학과 기하학의 만남을 이루어냈다.

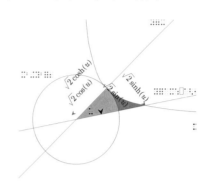

해석기하학 그래프의 예.

데카르트와 페르마가 이루어낸 엄청난 성과는 19세기 오일러에 의해 더 정교해지고 라이프니츠와 뉴턴이 미적분학을 발견하면서 미분기하학으로 발전한다. 미분기하학은 아인슈타인의 중력이론, 끈이론 등에 영향을 주었다.

이후에도 기하학은 끊임없는 발전을 거듭하여 19세기에는 비유클리드 기하학인 리만기하학이 확립되고 현대 기하학의 문을 열었다. 현재는 매우 다양한 기하학 이론이 연구되고 있으며 기하학의 영역이 3차원 공간을 넘어선 추상의 공간까지 넓어지기 시작했다.

토지 측량에서 시작된 기하학은 오늘날 과학, 미술, 통계학,

경제학, 4차 산업 등 다양한 분야와 연결되면서 새로운 세계로 영역을 확장해나가고 있다.

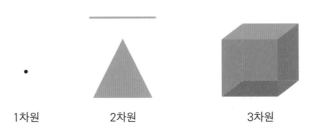

1차원   2차원   3차원

이 세상의 모든 형태를 이루는 사물은 도형에서 출발한다. 인류는 1차원인 점과 2차원인 선과 면, 3차원 곡면이 연결되어 만들어진 도형을 인식하고 이해할 수 있게 되면서 이집트의 피라미드, 고대 그리스의 신전, 중세의 성당과 현대의 건축물에 이르기까지 건축과 토목공사를 발전시킬 수 있었다. 이러한 건축과 토목공사의 발전은 인류의 문명을 이끌어 눈부신 과학의 시대를 맞이하게 해주었다.

기하학은 피라미드, 고대 그리스 신전, 파밀리아 성당, 월트 디즈니사와 같은 다양한 건축을 가능하게 해줬다.

비밀의 수 무리수

유리수와 무리수를 합쳐 실수라고 한다. 유리수는 1, 2, 3, …과 같은 자연수와 음수, 0, 양수를 포함하는 정수, $\frac{1}{2}$, $\frac{1}{3}$과 같은 분수, 0.1, 0.2와 같은 소수를 포함하는 수다.

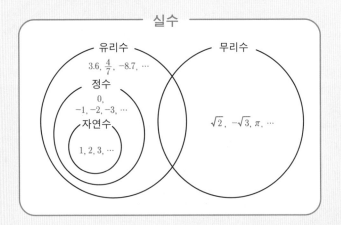

분수는 소수로 표현할 수 있다. 분수 $\frac{1}{2}$은 0.5와 같다. 하지만 모든 분수가 소수로 바꿨을 때 자릿수가 딱 떨어지지는 않는다.

$\frac{1}{3}$을 소수로 나타내면 0.333…이다. 숫자 3과 같이 소수점 아래 일정한 자릿수부터 같은 숫자가 무한 반복되는 소수

를 순환소수라고 한다. 순환소수인 0.3333…은 분수로 표현
할 수 있다. 순환소수 0.333…을 분수로 바꾸는 방법은 다음
과 같다.

① 순환소수 0.333…을 x로 놓는다. $x = 0.3333…$

② 순환되는 숫자의 자릿수만큼 양변에 10을 곱한다.

$10x = 3.3333…$

③ 다음과 같이 방정식을 풀어 순환소수를 없앤다.

$$
\begin{aligned}
10x &= 3.3333\cdots \\
- \quad x &= 0.3333\cdots \\
\hline
9x &= 3 \\
x &= \frac{1}{3}
\end{aligned}
$$

순환소수인 0.333…은 나누어떨어지지 않지만, 분수로 바
꿀 수 있으므로 유리수에
속한다.

이번에는 원주율 π(파이)
를 생각해보자.

π는 3.141592…로 소
수점 아래로 다른 수가 끊

파이의 소숫점은 끝이 없다. 그래
서 무한소수이다.

임없이 반복되는 무한소수이다. 그래서 π는 분수로 나타낼 수가 없다. 이것을 순환하지 않는 무한소수인 무리수하고 한다.

무리수를 처음으로 눈치챈 사람들은 다름 아닌 고대 그리스의 피타고라스학파였다. 피타고라스는 만물은 수로 이루어졌다고 말할 만큼 수학에 대한 자긍심이 매우 높았다. 그래서 피타고라스를 따르는 제자들에게 수학을 공부한다는 것은 굉장한 특권이었다.

피타고라스는 유리수만을 인정했다. 하지만 아이러니하게 그 생각이 잘못됐다는 것을 알게 된 것은 바로 자신이 증명한 직각삼각형 문제에서였다.

양변이 1인 직각삼각형 빗변의 길이는 과연 얼마인가? 이 문제에 유리수는 답이 될 수 없었다.

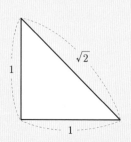

당황한 피타고라스학파의 제자들은 스승의 명예를 위해 이 사실을 비밀에 부쳤다고 한다. 결국 이 비밀을 퍼뜨린 제자 히파수스를 절벽에서 던져 수장시켰다는 이야기가 전해질 만큼 무리수는 오랫동안 발설하면 안 되는 비밀의 수가 되었다.

7

하나를 보면 열을 안다

聞一知十

하나의 현상을 이해하면 관련된 다른 현상들
도 유추해 이해할 수 있는 영특하고 재주가
많은 사람을 의미한다.

공자에게는 뛰어난 10명의
제자가 있었다. 그중에서도
안회와 자공은 더 특별했다.
자공은 언변과 정치적 수완이
좋았고 재물을 모으는 재주가

공자.

뛰어난 사람이었다. 안회는 비록 가난했지만, 공자의 가르침을
잘 이해하고 실천하는 사람으로 공자가 가장 아끼는 제자였다.

어느 날 공자는 자신의 뛰어난 능력만을 믿고 자만심에 차 있
던 자공을 불러 안회에 관해 물었다. 그러자 자공은 자신을 낮
추며 안회는 하나를 들으면 열을 아는 사람이라고 평가한다. 여
기서 유래된 말이 문일지십聞一知十이다.

이 고사성어는 하나의 현상을 이해하면 연관된 다른 현상까지
도 유추해 알 수 있는 매우 영특하고 재주가 많은 사람을 가리
키는 말이다.

우리에게도 안회와 같이 하나를 알면 열 개의 문제를 이해할 수 있는 혜안이 있다면 얼마나 좋을까?

수학은 하나를 제대로 알아야만 상위 진도로 나갈 수 있는 대표적인 논리의 연계학습이다. 수학과 마찬가지로 하나의 키워드를 알면 전체의 해법을 구할수 있는 또 하나의 분야가 암호학이다.

우리의 생활과 전혀 상관없이 보이는 암호학의 발전이 현대 정보화 사회를 이끌어 온 핵심 중 하나라면 믿기 힘들 것이다. 그리고 그 밑바탕에는 고도의 수학이 밑받침되어 있다는 사실도 잘 알려지지 않았다. 인터넷이 발달하고 정보화 사회가 심화될수록 암호학과 암호에 사용되는 수학적 방법론은 더욱 정교해지고 있다.

대표적인 암호화의 예 중 하나가 인터넷 뱅킹의 보안카드다. 보안카드는 입·출금, 계좌이체 등 은행 업무를 진행할 때 사용하는 일종의 암호 코드북이다. 은행 업무에 필요한 모든 내용을 암호화하여 고객에게 보내면 은행의 메시지는 고객이 가지고 있는 보안카드 숫자만이 풀 수 있다. 이것을 'RSA 공개키 암호'라고 한다.

이 암호는 소인수분해를 이용하여 만들었다. 소인

현대사회에서 보안은 매우 중요한 문제이다.

수란, 어떤 수의 인수 중 1과 자기 자신만을 약수로 가지는 자연수인 소수로 된 인수를 말한다.

예를 들어, 18의 약수는 1, 2, 3, 6, 9, 18이다. 여기에서 소인수는 2, 3이다. 18을 소인수인 2와 3의 곱으로 나타내면 $2 \times 3^2 = 18$로 표현할 수 있다. 이렇게 자연수를 소인수의 곱으로 나타낸 것을 소인수분해라고 한다.

공개키 암호를 만든 로널드 리베스트[Ronald Rivest]와 애디 샤미르[Adi Shamir], 레오나르드 아델만[Leonard Adleman]은 129자리의 수를 소인수분해하는 문제에 상금을 걸게 된다. 이것은 무려 426bit에 해당하는 데이터다. 1600대의 슈퍼컴퓨터로 무려 8개월이나 걸리는 어마어마한 양이었다. 그만큼 소인수분해는 엄청난 시간을 소비하는 매우 까다롭고 복잡한 계산인 것이다.

현대사회에서 정보보안은 한 국가의 군사력만큼 중요한 분야가 되고 있다. 하나를 보면 열을 아는 문일지십의 혜안은 하나의 암호키를 알면 모든 암호가 풀리는 암호의 세계에서는 가장 두려운 속담이 아닐까?

129자리의 수를 소인수분해하는 데 1600대의 슈퍼컴퓨터와 8개월이라는 시간이 걸릴 정도로 소인수분해는 까다롭고 복잡한 수학 분야이다.

RSA 암호

RSA 암호는 가장 유명한 현대 암호 중 하나이다. 1977년 RSA 암호의 창시자인 로널드 리베스트$^{Ronald\ Rivest}$와 애디 샤미르$^{Adi\ Shamir}$, 레오나르드 아델만$^{Leonard\ Adleman}$의 성씨 첫 글자를 따서 암호의 이름을 명명했다.

RSA 암호는 소수를 이용한 암호다. 소수 중에서도 매우 큰 소수를 이용한다. 소수는 1과 자신 외에는 약수를 가지지 않는 0보다 큰 자연수를 말한다. 작은 수의 소수는 찾기 쉽다. 하지만 큰 소수는 구하기가 쉽지 않다. 가장 큰 소수 찾기는 지금도 수학을 좋아하는 사람들의 도전게임처럼 진행되고 있다.

어떤 수가 소수인지 아닌지 판별하는 방법은 매우 다양하다. 343이 소수인지를 알아보기 위해서 작은 소수 2, 3, 5, 7… 순서로 차근차근 나누어 보는 방법이 있다. 343은 7로 나누어떨어진다. 343은 7^3이기 때문에 소수가 아니다.

하지만 이 방법은 시간이 걸리며 아주 큰 수일 때 계산하기도 매우 복잡하다. 그래서 쓰는 방법 중 하나는 제곱근을 찾는 것이다.

1019가 소수인지 아닌지 알아보자. 계산기에서 $\sqrt{1019}$ 를 눌러 제곱근을 찾아보면 약 31.92가 나온다. 최소 1019는 31의 제곱근보다 크지 않기 때문에 31보다 작은 소수로 1019를 나눠보는 방법도 있다.

고대 그리스에서는 '에라토스테네스의 체'라 불리는 소수 찾

에라토스테네스의 체. 여기서는 2, 3, 5, 7로 나누어떨어지지 않는 수를 찾으면 된다.

는 법이 있었다. B.C 230 그리스 수학자인 에라토스테네스의 이름을 딴 방법으로서 합성수(1과 자기 자신 외 다른 자연수들의 곱으로 나타낼 수 있는 자연수)로 소수를 찾아내는 방법이다.

에라토스테네스의 체는 1부터 n까지 자연수를 표에 적은 다음 소수에만 동그라미를 표시하고 합성수는 전부 지우는 방식이다. 예를 들어 2는 소수이므로 2에 동그라미를 치고 2의 배수는 합성수이기 때문에 모두 지운다. 3은 소수이기 때문에 동그라미를 치고 3의 배수는 합성수이기 때문에 전부 지운다. 이런 방식으로 소수를 찾는 방법이 에라토스테네스의 체이다.

그렇다면 소수를 찾는 아주 빠르고 쉬운 공식은 없는 걸까? 쌍둥이 소수 p와 $p+1$, 메르센 수 2^n-1, 소피제르맹 소수 $2p+1$ 등은 소수를 찾아내는 공식들이다.

메르센 수 공식은 지수 n에 따라서 결과물인 수가 소수인지 아닌지 결정된다. n이 소수일 때 계산된 수는 합성수이거나 소수이다. n이 합성수면 계산된 수는 합성수다.

2^8-1은 지수 8이 합성수이기 때문에 계산한 255는 5×51로 합성수가 된다.

1997년 GIMPS라는 공동 프로젝트를 통해 수많은 사람이 메르센 수 공식을 이용하여 큰 소수를 찾아내는 일을 하고 있다.

암호의 기원은 전쟁에서 시작되었으며 적에게 아군의 중요한 정보와 기밀을 누출시키지 않기 위해 고안된 발명품이다. 그래서 항상 암호의 역사는 암호를 만드는 자와 암호를 풀려는 자의 전쟁이었다.

RSA 암호는 기존의 암호체계에 큰 변화를 가져온 획기적인 암호였다. RSA 암호가 개발되기 전 1970년대까지만 해도 암호 해독에서 암호키 전달은 가장 핵심적인 문제였다. 암호키가 제대로 전달되지 못했을 때 모든 암호는 무용지물이 되기 때문이다.

과거와 달리 인터넷상에서 암호화되어 전달되는 수많은 정보는 해킹 등으로 인해 더욱 문제가 심각해진다.

공개키 암호는 말 그대로 암호키를 공개한 것으로 누구나 암호키를 알 수 있다. 그러나 암호키를 안다고 해서 암호 해독을 할 수 있다는 것은 아니다. 이렇듯 암호키를 공개해도 암호 해독이 불가한 것을 공개키 암호라고 한다. 이것은 암호학 역사상 엄청난 사건이었다.

이 획기적인 아이디어를 이용해 최초로 상용 가능한 암호체계를 만든 것이 RSA 암호다. RSA 암호 시스템은 암호를 보내는 사람이 암호키를 보내고 수신자가 암호키를 알아내어 해독하는 고전 암호체계와는 다르게 수신자가 이미 공개된 암호키와 암호 해독키를 선택하여 입력하면 암호를 풀어낼 수 있는 방식이다.

수신자는 자신의 암호키를 여러 사람에게 공개해도 상관없다. 수신자가 선택한 암호키를 이용해서 메시지를 보내면 상대방만 이 그 메시지를 해독할 수 있기 때문이다.

그렇다면 이제부터 RSA 암호를 직접 만들어보자. RSA 암호는 앞서 언급했듯이 소수가 필요하다. 그것도 클수록 좋다.

RSA 암호 만들기

1 암호키 선택을 위한 두 개의 소수를 구한다.

$p=5$, $q=11$

두 소수를 $(p-1)(q-1)$로 계산하여 암호키를 선택한다.

$(5-1)(11-1)=40$

암호키는 40이다.

2 또 하나의 특별한 수 e를 구한다. e는 앞에서 구한 40의 서로소(1 이외의 공약수가 없는 2개 이상의 양의 정수)여야 한다. 40의 서로소는 매우 많으며 그중 어떠한 수도 e가 될 수 있다. 여기에서 40의 서로소 중 하나인 7을 선택해 e로 놓자.

$e=7$

2 첫 번째 $p=5$, $q=11$을 곱한 후 이것을 n으로 놓는다.
$n=55$

3 암호키는 (n, e)의 순서쌍 형태이다. 그래서 공개암호키는 $(55, 7)$이 된다.

이제 $(55, 7)$은 송신자와 수신자의 공개암호키가 되었다. 이번에는 이 공개키를 이용해 누군가에게 메시지를 보내려면 어떻게 하면 될까? 그 방법은 다음과 같다.

1 보낼 메시지를 숫자 메시지인 m으로 바꿔야 한다. 만약 K 라는 문자를 보내려면 K를 숫자로 바꾸어야 한다. k를 수 메시지 $m=9$로 놓아보자. 그리고 다음 공식에 만족하는 식을 계산하여 메시지를 (n, e) 형태로 암호화한다.

공식: $C=m^e \bmod n$

2 공개키 암호 $(55, 7)$을 이용하여 다음을 계산한다.

$C=9^7 \bmod 55$

$C=4{,}782{,}969 \bmod 55$

(모듈러 산술 계산: 모드 mod의 숫자로 앞 숫자를 나눈 후 나머지가 값이 됨 $4{,}782{,}969/55=86963$과 55분의 4)

$$C=4$$

3 K는 숫자 4가 된다. K=4

직접 여러분도 만들어 사용해 보길 바란다. 더 많은 암호에 대한 지식과 역사 그리고 직접 암호를 만들어 보고 싶다면《암호수학》을 보길 바란다. 흥미로운 암호의 세계를 만나볼 수 있을 것이다.

다음 문제를 풀어보아라.

문제 위의 공개키 암호 (55, 7)을 이용해 단어 fig를 암호화하라.

(먼저 a=0, b=1, c=2…를 사용해 문자들을 수로 바꾼다)

답 207쪽

시저 암호

로마의 말기 공화정을 이끈 율리우스 카이사르^{Gaius Julius} Caesar는 능력 있는 정치가였다. 카이사르의 뛰어난 정치력은 국민에게는 환영을 받았지만 경쟁자에게는 항상 두려움의 존재이자 견제할 대상이었다.

그래서 카이사르는 심복이나 친척들에게 편지를 보낼 때 항상 암호문을 만들었다. 정적에게 자신의 정보가 유출되는 것을 방지하기 위해서였다. 여기에서 유래된 암호가 카이사르 암호다. 카이사르^{Caesar}의 영어식 이름인 시저를 사용해 '시저 암호'로도 불리는 이 암호는 알파벳을 세 글자씩 뒤로 옮겨쓰는 방법으로 작성되었다.

다음은 각 알파벳에 치환되는 시저 암호 알파벳이다.

A	B	C	D	E	F	G	H	I	J	K	L	M	N	O	P	Q	R	S	T	U	V	W	X	Y	Z
X	Y	Z	A	B	C	D	E	F	G	H	I	J	K	L	M	N	O	P	Q	R	S	T	U	V	W

시저 암호를 이용해 평문인 Good morning의 암호문을 만들어보면 다음과 같다.

G	O	O	D		M	O	R	N	I	N	G
D	L	L	A		J	L	O	K	F	K	D

평문: Good morning   암호문: DLLA   JLOKFKD

시저 암호는 생각보다 단순한 구조로 이루어져 있다. 보내는 사람과 받는 사람이 알파벳의 이동 숫자만 알고 있으면 단숨에 풀 수 있는 구조다. 하지만 쉽다고 해서 암호문의 의미가 없어지는 것은 아니다. 최소한 시간을 벌 수 있는 장점이 있기 때문이다.

암호문으로 통신할 만큼 철저하게 주도면밀했던 시저였지만 결국 반대파들에게 암살당하고 말았다. 암살자 중에는 그가 가장 신임했던 부하 브루투스가 있었다.

시저는 암살에 가담한 브루투스를 보고 다음과 같이 말했다.
"브루투스 너마저……."

둘러치나 메어치나 매한가지

어떤 수단과 방법을 쓴다고 해도 결과는 똑같다는 의미이다.

방아로 떡을 만드는 모습.

아주 오래전에는 집에서 떡을 직접 만들었다. 쌀을 쪄서 떡판(떡을 칠 때 쓰는 나무판)에 올려놓고 떡메(떡을 내려치는 나무 몽둥이)로 계속 내려치면 떡에 찰기가 생겨 아주 맛있는 떡을 만들 수 있다.

그래서 떡을 치는 일은 주로 힘센 남자들이 했다. 이때는 기술보다는 힘이 좋아야 한다. 둘러서 치든 어깨 뒤로 힘껏 떡메를 들어 올려 내리치든 방법은 그다지 중요하지 않다. 적당한 힘 조절로 잘 내려치기만 하면 떡이 되는 것은 똑같기 때문이다.

'둘러치나 메어치나 매한가지'라는 말은 어떤 수단과 방법을 쓴다고 해도 결과는 똑같다는 의미를 지닌 속담이다.

우리는 언어를 이해할 때 매우 주관적으로 해석을 하는 경향이 있다. 언어는 단순한 의미 전달만을 위한 도구가 아니다. 상황이나 분위기, 감정, 몸짓언어, 말투 등에 따라 같은 말이라도 의미가 달라질 수 있다.

그래서 '둘러치나 메어치나 매한가지'라는 의미는 상황에 따라 달리 들릴 수도 있다. 어차피 결과는 마찬가지이니 대충해도 된다는 뜻으로 해석될 수도 있고 어떻게 하든 결과가 똑같으니 과정에 너무나 얽매이지 말라는 의미도 될 수 있다. 어떤 의미로 받아들일 것인가는 듣는 사람의 해석에 따라 달라질 것이다.

그렇다면 수를 다루는 일에도 '둘러치나 메어치나 매한가지'라는 속담을 적용해볼 수 있을까?

질문을 좀 바꿔보자. 오른쪽으로 더하나 왼쪽으로 더하나 매한가지인 것. 위에서 아래로 더하나 아래에서 위로 더하나 매한가지인 것! 오른쪽 대각선이나 왼쪽 대각선으로 더해도 결과가 매한가지인 것! 그것은 무엇일까? 과연 그런 것이 있을까? 정답은 바로 마방진magic square이다.

마방진은 아주 오랜 역사를 가진 일종의 숫자 게임이다. 하지만 단순한 숫자 게임이라고 하기에는 신비한 점이 아주 많다.

마방진은 동·서양을 막론하고 많은 사람의 관심을 끌었으며 그럴만한 충분한 매력을 가지고 있는 놀이다. 마방진은 수학자에게는 수의 신비를 소설가들에게는 상상의 문을 화가들에게는 멋진 그림을 선사했다.

독일 화가 알브레히트 뒤러^{Albrecht Durer}의 판화 작품 〈멜랑콜리아 1^{Melencolia 1}〉(1514년)은 뒤러의 3대 동판화 중 하나로 유명하다.

제목이 주는 느낌대로 멜랑콜리아에는 굶주린 개, 모래시계, 잘려나간 다면체, 톱, 흩어진 뼈, 박쥐 등 우울을 상징하는 것으로 보이는 다양한 소재들이 새겨져 있다.

뒤러는 자신의 종교, 철학, 인생에 관한 깊은 성찰과 세계관을 멜랑콜리아에 함축적으로 담아내고 있다. 멜랑콜리아에서 보이는 다양한 상징물들은 마치 비밀을 숨겨놓은 암호문을 보는 듯하다.

이 작품에는 눈길을 끄는 아주 독특한 소재가 하나 더 있다. 그것은 마방진이다. 작품의 오른쪽 위에 새겨진 마방진은 4행 4열로 구성된 4차 마방진이다. 여기에는 1에서부터 16까지의 숫자가 중복 없이 나열되어 있으며 가로, 세로, 대각선 방향 어디로 더해도 34가 나온다.

뒤러는 수학, 신학, 철학, 미술 등 다방면에 높은 이해와 통찰을 가진 사람이었다. 그가 멜랑콜리아에 새겨 넣은 암호와 같은 상징물들의 의미는 단순해 보이지 않는다. 그래서 이 신비하고 독특한 작품에 대한 해석은 매우 다양하다. 특히 마방진이 의미

알브레히트 뒤러의 〈멜랑콜리아 1〉 천사 머리 위에 마방진이 보인다.

하는 상징에 대해서는 더욱 그렇다.

한편에서는 뒤러의 마방진을 우울을 해소해줄 부적으로 보는 시각도 있다. 그러나 멜랑콜리아의 진정한 의미는 뒤러가 아니고는 알 수 없을 것으로 보인다.

미술 속에 담긴 마방진의 이야기는 서양뿐만 아니라 우리나라에도 있다. 〈씨름도〉는 조선 후기를 대표하는 풍속화가 김홍도의 유명한 작품 중 하나이다.

이 작품은 격렬한 몸싸움을 벌이고 있는 두 명의 씨름꾼을 흥미진진하게 지켜보는 다수의 인물을 섬세하고 해학적으로 묘사하고 있다. 그런데 이 작품 안에는 인물의 묘사만큼 흥미진진한 것이 있다. 그것은 치밀하게 계산된 마방진 구도다.

김홍도는 씨름하는 두 명을 화폭 가운데 두고 나머지 인물들을 대각선으로 마주 보게 구성했다. 왼쪽 위에서 오른쪽 아래로 내려오는 대각선에 배치된 인물의

〈단원풍속도첩〉 보물 제527호.

수는 모두 12명이다. 반대로 오른쪽 위에서 왼쪽 아래로 내려오는 대각선에 배치된 인물 또한 모두 12명이다. 이것은 대각선 구도로 되어 있는 X자 마방진이다.

씨름도는 마방진의 원리에 따라 매우 안정감 있는 구도를 보여 주고 있으며 12명의 통일된 인물 배치를 통해 보는 이에게도 안정적인 느낌을 준다.

이밖에도 마방진이 모티브가 되어 만들어진 예술작품, 소설, 영화 등은 아주 많다.

'둘러치나 메어치나 매한가지'인 숫자들의 배열 마방진! 어떤 방향에서 보아도 같은 합이 나오게 하는 그 신비롭고 마법과 같은 세계는 여전히 진행 중이다.

마방진

마방진은 행과 열이 있는 사각형 안에 1부터 n^2까지의 자연수를 중복 없이 배열하여 가로, 세로, 대각선의 숫자의 합이 같아지도록 만드는 숫자 배열을 말한다.

마방진의 마는 마술을 뜻하는 마^{魔}와 네모를 뜻하는 방^{方}, 열이나 줄을 뜻하는 진^{陣}이 모여 만들어진 말로 영어의 magic square를 번역한 것이다. 그러나 마방진의 기원은 서양이 아닌 중국이다.

중국 하나라의 우임금 시절 범람한 낙수라는 강의 치수 사업을 벌이던 중 등껍질에 이상한 모양이 새겨진 거북을 발견한다. 거북의 등에는 가로, 세로, 대각선으로 1~9까지 숫자를 상징하는 점이 찍혀 있었다. 이것이 마방진의 시초가 되었다.

거북의 등껍질을 해석해본 결과 가로, 세로, 대각선의 어느 방향으로 더해도 15가 나왔다.

이 신비한 숫자의 합을 본 사람들은 거북 등의 마방진을 낙수에서 발견했다 하여 낙서라고 불렀다. 우임금은 낙서^{洛書}를 바탕으로 나라를 다스리는 9가지의 정치 도덕인 홍범구주^{洪範九疇}를 만들었으며 동양의 우주 철학을 담고 있는 《주역^{周易}》 또한 낙서에서 비롯되었다고 한다. 이후 낙서는 풍수지리와 점을 치는 데 사용했으며 우주의 원리가 담긴 것으로 생각하여 매우 신성하게 여겼다고 한다.

마방진의 신성함은 동양뿐만이 아닌 서양에서도 마찬가지였다. 중국에서 아라비아를 거쳐 서양에 퍼져나간 마방진은 부적으로 사용될 만큼 오묘한 힘이 있다고 믿었다.

우리나라 또한 마방진에 관한 연구가 오래전부터 전해 내려오고 있다. 조선 숙종 시대, 천문학자이자 수학자인 최석정은 9차 마방진을 만들었다. 최석정의 9차 마방진은 조금 독특했다. 자신의 저서 《구수략^{九數略}》을 통해 다양한 마방진을 소개하고 새롭게 창조한 마방진을 선보이기도 했다. 여기서 전해지는 마방진이 바로 지수귀문도^{地數龜文圖}이다.

지수귀문도는 열과 행으로 이루어진 기존 마방진과는 조금 다른 형태로 육각형 모양 9개를 이어붙여 거북 등껍질 모양을 만

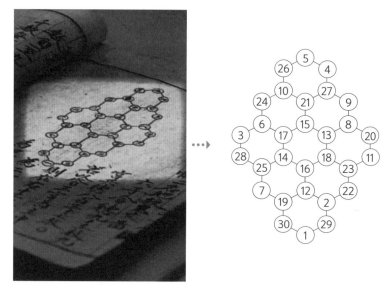

《구수략》에 소개된 지수귀문도.

들고 1~30까지의 숫자를 나열하여 각 육각형의 합이 93이 되게 만든 마방진이다. 이러한 방식은 스위스의 수학자 오일러의 직교 라틴 방진$^{orthogonal\ Latin\ square}$과 유사한 것으로 최석정이 60년이나 앞서 발견한 것이다.

지수귀문도의 육각형에 들어간 숫자는 배열을 바꿀 수 있었으며 바뀐 숫자의 배열은 다른 합을 만들 수 있었다. 이렇게 만들어진 다양한 배열의 지수귀문도는 개수가 얼마나 되는지 알 수 없다고 한다. 지금도 그 해법을 찾기 어렵다는 지수귀문도를 보면 선조들의 뛰어난 수학적 통찰과 천재성을 엿볼 수 있다.

마방진의 종류는 아주 많다. 가로 행과 세로 열의 개수에 따라 다양한 마방진을 만들 수 있다. 2행 2열의 마방진은 존재할 수 없다. 3행 3열로 구성된 마방진을 3차 마방진이라고 하는데 낙서가 3차 마방진의 대표적인 예다. 4행 4열의 4차 마방진은 총 880개라고 한다. 5행 5열의 5차 마방진의 개수는 278,535,224이다. 6차 이상의 마방진은 정확한 개수를 알지 못할 정도로 많으며 마방진의 해법 또한 매우 다양하다고 한다.

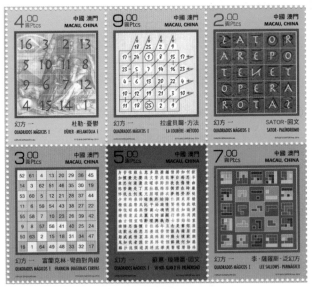

중국 우표에 표현된 다양한 형태의 마방진들.

다음은 3차 마방진을 만드는 방법이다.

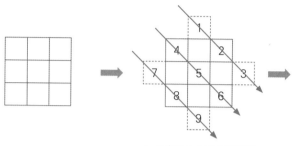

1~9까지의 수를 대각선의
방향으로 차례로 써 넣는다.

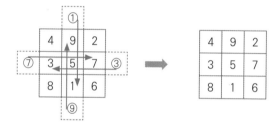

마방진의 밖의 수를 화살표처럼
마방진 속에 넣는다.

3차 마방진

스도쿠

스도쿠는 1979년 미국의 건축가인 하워드 간즈^{Howard Garns}가 최초로 개발한 숫자 퍼즐 게임이다. 하지만 스도쿠가 하워드 간즈의 독창적인 개발품이라고 말하기에는 스도쿠의 조상 격인 마방진의 역사와 전통이 매우 깊다. 간즈 또한 스위스의 수학 천재 오일러의 라틴 방진을 기본으로 하여 스도쿠를 만들었다고 한다. 결국 스도쿠는 마방진의 새로운 형태라고 할 수 있다.

간즈의 숫자 퍼즐 게임이 미국 퍼즐 잡지인 델^{Dell magazine}에 실릴 때만 해도 스도쿠의 이름은 넘버플레이스였다. 하지만 스도쿠가 실제로 대중화된 것은 1984년 일본의 잡지 〈퍼즐 통신 니코리〉에 소개되면서부터다.

그래서 넘버플레이스라는 이름보다 일본에서 명명한 스도쿠라는 이름이 더 유명해진 것이다.

스도쿠는 일본에 처음 소개될 때 数字は独身に限る(숫자가 겹치지 않아야 한다)라는 긴 문장의 이름을 가지고 있었다. 너무나 길었던 이름의 문장 속에서 스–^数와 도쿠^独를 따와 간단하게 고치고 상표를 만든 사람은 니코리 잡지의 회장 카지 마키^{鍜治}

真起였다.

스도쿠는 가로 9행 세로 9열로 된 일종의 마방진이다. 세로와 가로에 1~9까지의 숫자가 겹치지 않게 나열되어야 하는 게 규칙 중 하나다.

스도쿠가 마방진과 비슷하면서도 다른 점은 스도쿠 안에 3행 3열로 된 미니 퍼즐이 또 들어가 있다는 것이다. 이 작은 퍼즐 안에도 1~9까지의 숫자가 중복 없이 들어가야 한다. 9행 9열과 작은 퍼즐에 중복 없이 1~9까지의 숫자를 모두 나열하면 게임을 성공시킨 것이다.

그렇다면 스도쿠의 숫자 퍼즐의 방진은 과연 몇 개가 나올 수 있을까? 현재 스도쿠의 방진은 약 54만 개 정도 된다고 한다.

스도쿠는 1~9까지의 수가 겹치지 않게 나타내면서 3열의 미니 퍼즐이 또 들어가 있다.

직접 풀어보아라.

문제 가로, 세로, 각 4칸짜리 사각형 안에 1부터 4까지의
숫자가 한 번씩만 들어가게 하려고 한다. 규칙에 맞게
빈 곳에 알맞은 숫자를 써넣어라.

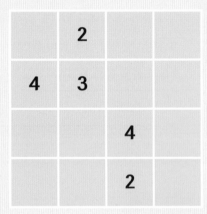

출처: 《손 안의 수학 퍼즐》

답 207쪽

십 년이면 강산도 변한다

십 년이라는 세월은 산이나 물길을 변화시킬
만큼 긴 시간이라는 의미이다.

사람들은 빠르게 흘러가는 세월을 아쉬워한다. 특히 주변 환경이 변화해가는 모습을 보면 그 아쉬움은 더 깊어진다. 그럴 때 우리는 십 년이면 강산이 변한다는 표현을 쓴다. 이 속담은

10년이면 산과 물길이 변한다고 하지만 현대사회는 변하는 데 걸리는 시간이 더 빨라지고 있다.

십 년이라는 세월이 산도 물길도 변화시킬 만큼 긴 시간이라는 것을 빗대어 표현하는 것이기도 하지만 변화 없이 살던 삶에 큰 전환점이 오는 시간이라는 의미도 담고 있다.

그런데 왜 10년일까? 5년도 아니고 12년도 아니고 10년이 지나서 강산이 변하는 것일까?

여기에는 우리 선조들이 인식하는 수 체계가 담겨 있다.

10은 완성을 의미한다. 모든 것이 다 이루어지고 새로운 변화를 맞이하기 위한 숫자이다. 1~9까지 수를 세고 10이 되는 순간 자릿값이 10배 커지며 단위가 변하는 개념이 십진법이다. 10을 한 묶음으로 새로운 변화를 맞는 십진법 중심의 사고체계가 우리도 모르는 사이 우리 삶 깊숙이 자리잡고 있는 것이다.

교육은 10년이라는 세월이 열 번을 거듭해야 할 만큼 오랜 시간 공을 들여야 하는 백년대계百年大計이며 한 사람을 온전히 도울 힘은 열 명이 뜻을 모아야 가능하다는 십시일반十匙一飯의 맥락과도 상통한다. 십이 모여야 비로소 변화할 수 있는 십진법의 수 체계는 우리의 삶 속에 스며들어 변화 임계점의 기준이 되었다.

십진법

우리가 사용하는 0과 1~9의 숫자는 인도에서 만들어졌다. 이 10개의 숫자가 인류 문명을 이끌어온 인도아라비아 숫자다. 아라비아를 통해 유럽에 전해졌기 때문에 한때는 아라비아 숫자로 불리기도 했지만, 현재 정식 명칭은 인도아라비아 숫자다.

아라비아 숫자	1	2	3	4	5	6	7	8	9	10
로마 숫자	I	II	III	IV	V	VI	VII	VIII	IX	X
동아리비아 숫자	٠	١	٢	٣	٤	٥	٦	٧	٨	٩
한자 숫자	一	二	三	四	五	六	七	八	九	十

바빌로니아, 이집트, 로마, 그리스, 중국 등 다양한 고대 국가들의 숫자가 있었지만 인도아라비아 숫자가 전 세계를 통일할 수 있었던 이유는 편리함 때문이었다. 그 편리함 안에는 십진법

과 자릿수를 이용한 인도아라비아 숫자만의 독창적인 계산법과 큰 수를 자유롭게 표기할 수 있는 확장성이 있었다.

십진법은 0~9의 10개의 숫자를 이용하여 수를 나타내는 수 체계를 말한다. 숫자가 10이 되면 오른쪽에서 왼쪽으로 자릿수를 올리고 자릿수가 올라갈 때마다 10배씩 증가하는 방식이다.

십진법은 단 10개의 숫자만으로 모든 수를 표현할 수 있으며 자릿수 개념이 합쳐지면서 큰 수를 특별한 도구 없이도 빠르게 계산할 수 있는 매우 효율적인 방법이었다.

십진법의 자릿수는 위치가 매우 중요하다. 오른쪽으로부터 몇 번째에 위치하느냐에 따라 단위의 이름과 크기가 정해지기 때문이다.

고대 로마나 바빌로니아, 중국 등의 숫자들은 12,300,000을 표기하기 위해 엄청난 숫자를 줄줄이 나열해야 했다. 심지어 덧셈, 뺄셈은 전문적으로 산수를 공부한 전문가가 도구를 사용하지 않고서는 계산할 수 없을 정도였다. 하지만 인도아라비아 숫자를 이용한 십진법에서는 그럴 필요가 없다. 전문적으로 산수를 배우지 않은 사람도 조금만 익히면 자릿수를 맞추어 큰 수 계산을 쉽게 할 수 있었다.

인도아라비아 숫자처럼 숫자의 위치에 따라 단위를 붙여 수를 표현하는 것을 위치적 기수법이라고 한다. 인도아라비아 숫자에서 위치적 기수법이 가능할 수 있었던 이유는 0이라는 인류 최고의 발명품이 있었기 때문이다. 201과 21은 10배의 차이가 난다. 0의 위치가 어느 단위에 있는가에 따라 똑같은 숫자인 2와 1의 크기는 10배의 차이를 나타내게 되는 것이다.

0의 발견은 수학의 발전에 큰 전환점이 되었다.

십진법의 자릿수는 일, 십, 백, 천, 만으로 올라가면서 10배씩 커진다. 만 이상은 4자리를 기준으로 끊어 단위를 붙였다. 3자리를 기준으로 끊어 읽는 서양과는 달리 동양의 4자리 끊어 읽기는 인도아라비아 숫자를 만든 인도인들이 4를 신성시했던 전통과 연관이 있다.

일만, 십만, 백만, 천만 그 다음 단위가 억이다. 억은 만의 만 배가 되는 것이다. 억 다음 단위인 조는 억의 만 배다.

이렇게 10배씩 커지는 자릿수 4개를 묶어 그 다음 큰 수로 단위의 이름을 바꿔 부르며 자릿수가 넘어가는 방식이 십진법이며 동양에서 사용됐던 기수법(수를 기록하는 방식)이다.

십진법을 기준으로 현재 알려진 수의 단위는 다음 장에 나열된 표와 같으며 각 단위의 이름은 한자로 명명된 것이다

우리가 생활 속에서 사용하는 수의 단위는 억을 넘기 힘들다. 일반인이 조 이상의 단위를 헤아릴 일은 거의 없으며 그 크기

를 가늠하는 데도 많은 상상력이 필요하다.

하지만 수를 전문적으로 다루고 즐겼던 사람들에게 큰 숫자는 무한한 상상력과 호기심의 세계였다. 특히, 인도인들에게 있어 큰 숫자는 우주를 설명하고 이해하는 데 중요한 도구였다.

십진법은 인도, 중국뿐만 아니라 우리나라에도 전해졌다. 오랜 시간이 흐르면서 사자성어나 고사성어 혹은 관용어구나 단어, 속담 등에 스며들어 우리 생활 속에 많은 영향을 주었으며 깊은 인생의 통찰과 삶의 지혜를 전해주고 있다.

일	1
십	10^1
백	10^2
천	10^3
만	10^4
억	10^8
조	10^{12}
경	10^{16}
해	10^{20}
자	10^{24}
양	10^{28}
구	10^{32}
간	10^{36}
정	10^{40}
재	10^{44}
극	10^{48}
항하사	10^{52}
아승기	10^{56}
나유타	10^{60}
불가사의	10^{64}
무량대수	10^{68}

영겁의 시간과 억겁의 시간

우리 조상들의 속담이나 말 속에는 많은 수의 단위들이 살아 움직이고 있다. 그중 몇 가지를 더 살펴보면 다음과 같다.

우리는 종종 영겁의 시간을 거슬러…… 혹은 억겁의 시간 동안……이라는 표현을 쓰곤 한다. 영겁과 억겁의 의미는 정확히 알 수 없으나 아주 길고 오랜 시간을 의미한다.

십진법 체계를 바탕으로 명명된 수의 단위 중 항하사, 아승기, 나유타, 불가사의, 무량대수는 인도 불교의 우주관에서 유래된 개념을 한자식으로 표현한 것이다.

항하사는 인도 갠지스 강의 모래알을 의미하는 말로, 모래알

갠지스 강은 2560km에 달하는 힌두교의 신성한 강이다.

만큼 많은 수를 의미한다.

갠지스 강은 인도 북부를 동서로 가로지르는 어마어마하게 긴 강이다. 길이 2,560km, 유역면적 약 173만km²로, 대략 서울과 부산을 5번 정도 오가야 하는 길이다. 그 길이를 따라 흐르는 강 주변에 모래알 수를 상상해보면 항하사의 크기를 실감할 수 있을 것이다. 항하사라는 단위 이름에서도 알 수 있듯이 말로는 도저히 설명할 수 없는 인식 밖의 수를 이해 가능한 인식 안으로 끌어들이려고 했던 인도인들의 수에 대한 열정과 노력을 엿볼 수가 있다.

아승기는 항하사의 만 배에 해당하는 10의 56제곱이다. 고대 인도의 산스크리트어인 아상가^asanga를 한자식으로 음역한 것으로 헤아릴 수 없는 많은 수를 의미한다.

아승기보다 더 큰 수는 나유타이다. 나유타는 인도에서 사용하던 수의 단위로 10의 60제곱을 의미한다. 10의 60제곱이라면 그 크기가 어느 정도인지 가늠이 안 된다. 항하사가 갠지스 강의 모래알 수라고 했을 때 나유타는 갠지스 강이 1억 개가 모여 있는 것이다. 이쯤 되면 왠지 수 세기를 그만두고 싶어진다. 머릿속에 과부하가 걸리고 수 세기의 즐거움이 사라지려고 한다. 하지만 인도인들은 수 단위에 이름을 부여하는 것

화엄경.

을 멈추지 않았다.

　그 다음은 불가사의不可思議다. 불가사의는 불교 경전인 화엄경에서 유래한 말로 너무나 커서 언어로는 도저히 표현할 수 없고 마음으로 생각할 수 없을 만큼 큰 가르침을 의미하는 것으로 수를 나타내는 단위가 된 것이다. 불가사의는 10의 64제곱이다.

　불가사의 다음은 무량대수다. 무량대수無量大數는 크기를 짐작조차 할 수 없는 엄청나게 큰 수이다. 십진법의 전개식으로 나타내는 무량대수는 10의 68제곱이다.

　그렇다면 수의 단위는 이제 끝인가? 무량대수 다음은 없는 것일까? 10의 72제곱, 10의 76제곱……. 수의 단위는 끝이 없을 것 같은데 말이다.

　동양에서 수리적으로 사용되는 마지막 단위는 무량대수이

우주를 담은 시간 개념이 겁파이다.

다. 하지만 무량대수 다음에는 겁이 있다. 겁은 수의 단위라기보다 시간 개념이라고 하는 것이 더 알맞은 표현이다.

겁파劫波라고도 하는 겁은 산스크리트어 kalpa에서 온 말로 우주가 시작되어 끝나고 다음 우주가 시작되기까지의 시간을 말한다.

수학의 세계에서 현재 가장 큰 수는 무한대(∞)를 제외하고는 그레이엄 수(3↑↑↑↑3)가 있다.

사람은 구체화하지 못하고 형상화할 수 없는 것에 궁금증을 갖기 마련이다. 겁이 얼마나 큰 수인가를 설명하는 재미있는 이야기가 있다.

겁은 100년에 한 번 하늘에서 지상으로 내려오는 선녀의 비단 옷자락이 사방 40리(약 15km)에 걸쳐 펼쳐진 큰 바위를 한 번 스쳐 바위가 다 닳아 없어지는 시간보다 길다고 한다.

겁을 설명하는 이야기가 하나 더 있다.

가로세로 높이가 약 15Km에 해당하는 철로 만든 성안에 겨자씨(매우 작은 씨앗)를 가득 채우고 100년에 한 번씩 겨자씨를 꺼내는 시간보다 더 긴 시간이라고 한다. 과연 이 시간을 상상이나 할 수나 있겠는가?

이렇게 상상 불가능한 시간이 영원히 계속되는 영겁의 시간이나 억 개의 겁이 겹쳐 이루어지는 억겁의 시간이라는 말에는 단순히 길고 긴 시간의 의미를 표현하는 것보다 훨씬 더 크고 방대한 관념의 세계를 담고 있을지 모른다.

일의 자리부터 겁에 이르기까지 가늠도 안 되는 수를 확장해 간 고대인들의 선견지명은 현대사회에 비추어 보았을 때, 경이로움 그 자체이다. 5G 무선통신과 빅데이터를 기반으로 제4차 산업시대를 맞이하고 있는 우리 사회는 수 단위의 확장 속도가 빛의 속도로 빨라지고 있다.

현재 빅데이터의 양은 제타바이트^{ZB}와 요타바이트^{YB}에 이르

고 있으며 그 수 단위는 10의 21제곱과 10의 24제곱으로 해

(10^{20})와 자(10^{24}) 단위에 해당한다. 심지어 넘쳐나는 빅데이터

를 감당하기 위해서 새로운 수 단위를 만들고 새롭게 명명해

나가야 하는 시대에 접어들고 있다.

가까운 미래에 항하사, 아승기라는

단위가 낯설지 않게 사용되는 시대

가 도래할지도 모른다.

해	10^{21}
자	10^{24}
아승기	10^{56}
나타유	10^{60}
불가사의	10^{64}
무량대수	10^{68}

슈퍼 컴퓨터로도 계산이 안 되는 수의 체계를 인류는 계속해서
만드는 이유가 무엇일까?

천재일우千載一遇와 감개무량感慨無量

천재일우는 고대 중국 동진東晉에 사는 사람 원굉袁宏이 쓴《삼국명신서찬三國名臣序贊》에서 사용한 표현이다. 사람이 서로 만나기 어렵거나 어떠한 일이 발생하기 아주 힘든 상황을 가리킨다.

천재의 재는 동양에서 사용하는 매우 큰 수를 나타내는 자릿수 중 하나로 10의 44제곱을 의미한다. 천재일우의 천재는 재가 자그마치 천 개가 있는 것이니 상상할 수조차 없는 엄청난 수다. 천재 중에 한 번 만나는 것이니 확률상으로도 거의 불가능에 가까운 만남인 것이다.

천재일우가 아주 희박한 확률을 이야기하는 고사성어라면, 눈에 보이지 않는 감정을 드러내는 데도 수가 사용되었다. 그 대표적인 사자성어가 감개무량이다. 감개무량은 헤아릴 수 없을 정도로

우리나라 로또 당첨 확률은 약 840만분의 1, 미국 메가밀리언 복권 당첨 확률은 약 3억분의 1이다. 복권 당첨은 천재일우에 속할까?아니면 더 큰 행운이어야 할까?

깊은 감정을 의미한다. 여기에서 무량은 한자로 표현되는 최고 큰 수 무량대수에서 따온 말이다. 무량대수는 10의 68제곱에 해당하는 수로 가장 높은 자릿수다.

손에 잡히지도 눈에 보이지도 않는 자신의 감정을 무량이라는 수에 빗대어 표현함으로써 그 크기와 깊이를 전달해주고 싶었던 선인들의 마음이 잘 느껴지는 사자성어다.

선인들은 무량대수를 떠올릴 때 무엇을 생각했을까? 아직도 확장 중이라는 우주가 곧 무량대수일까?

허공, 청정, 찰나, 순식간,
애매모호와 탄지지간

인도와 중국을 중심으로 만들어진 동양의 수 체계는 그 범위가 매우 방대하다. 그것은 동양인들의 우주관과 종교관의 영향이 크다고 볼 수 있다.

동양의 수 체계에서 수 단위는 큰 수뿐만이 아니라 0에 가깝게 수렴하는 아주 작은 수도 포함한다. 큰 수를 나타내는 단위만큼 작은 수를 나타내는 단위 또한 우리의 상상을 초월하여 매우 세밀하게 구성되어 있다. 1보다 작은 수의 단위는 오른쪽과 같다.

작은 수는 0과 1 사이를 10으로 나눈 것 중 1에 해당하는 분(10^{-1})으로부터 시작된다. 큰 수와는 다

분分	10^{-1}
리釐	10^{-2}
모/호毛/毫	10^{-3}
사絲	10^{-4}
홀忽	10^{-5}
미微	10^{-6}
섬纖	10^{-7}
사沙	10^{-8}
진塵	10^{-9}
애埃	10^{-10}
묘渺	10^{-11}
막漠	10^{-12}
모호模糊	10^{-13}
준순逡巡	10^{-14}
수유須臾	10^{-15}
순식瞬息	10^{-16}
탄지彈指	10^{-17}
찰나刹那	10^{-18}
육덕六德	10^{-19}
허공虛空	10^{-20}
청정淸淨	10^{-21}

르게 작은 수는 분(10^{-1})으로부터 $\frac{1}{10}$씩 나눈다. 그렇게 나누어 가다 보면 눈에 보이지 않을 만큼 아무것도 남지 않는 허공이 되고 결국, 맑고 깨끗한 청정에 이르는 것이다.

애매모호愛昧模糊라는 표현이 있다. 말이나 행동이 분명하지 못하고 흐리다는 의미로 여기서 사용되는 모호는 10^{-13}에 해당하는 아주 작은 수의 단위를 말한다. 태도와 행동이 얼마나 분명하지 못하면 1을 10조 개로 나눈 만큼의 미세한 움직임을 취한다는 것일까? 상대방의 태도에 거의 변화가 없음을 극적으로 표현한 것이다.

조금 더 작은 세계로 들어가 보자. 순식간에 사라진다는 표현이 있다. 아주 빠르게 사라진다는 의미를 지닌 표현으로 여기서 순식간의 순식瞬息은 1의 −16제곱에 해당하는 아주 짧은 시간을 말한다. 일상생활에서 흔히 쓰는 표현인 순식은 숨 한 번 쉴 동안, 눈을 한번 깜박일 동안이라는 의미도 담고 있다. 이렇게 짧은 순간을 나타내는 말은 또 있다.

탄지지간彈指之間이라는 사자성어는 손가락을 튕기는 순간이라는 의미를 갖고 있다. 그만큼 짧은 시간을 말한다. 여기에서 탄지는 10의 −17제곱에 해당하는 작은 수를 의미한다.

현대과학이 헤아릴 수 있는 최소단위가 탄지다. 그리고 우리의 과학은 열심히 달려 탄지의 단위까지 도달할 수 있었다. 하지만 동양의 수는 더 작은 세계로의 여행을 멈추지 않았다.

탄지보다 $\frac{1}{10}$ 작은 찰나는 10의 −18제곱이다. 찰나의 시간, 찰나의 순간 등 아주 짧은 시간을 표현할 때 자주 등장하는 말이다.

찰나는 겁과 반대되는 말로 아주 가느다란 비단 실이 예리한 칼날에 닿아 끊어지는 시간이라고 한다.

2세기 중엽 인도에서 편찬한 책인 《아비달마대비바사론》에 의하면, 찰나는 약 0.0133초라고 전해진다. 불교에서 가장 긴 시간의 개념인 겁과 반대가 되는 가장 짧은 시간이 찰나다.

텅비거나 하늘을 가리킬 때 우리는 허공이라고 한다.

평상시 우리가 텅 빈 곳이나 하늘을 가리킬 때 '허공'이라 표현한다.

허공은 1의 −20제곱에 해당하는 수의 단위를 말한다. −20제곱은 현대과학에서 밝혀낸 사실에 비추어 보더라도 미세균 단계에 해당할 정도로 거의 식별 불가능한 상태를 의미한다. 아무것도 없는 것에 가까운 상태 그것이 곧 허공인 것이다.

이 허공보다 더 작은 수의 단위가 있다. 1의 −21제곱인 청정이다. 깨끗한 바다나 장소를 가리킬 때 청정지역이라고 하는데 바로 그 '청정'이다. 오염물질의 수가 거의 없을 만큼 작다는 의미이며 십진법의 수 체계로 표현할 수 있는 최소의 단위이다.

우리는 깨끗한 자연을 보통 청정지역이라고 한다.

일각이 여삼추다

一刻 如 三秋

15분이 세 번의 가을 즉 3년처럼 길게 느껴진다는《시경》속 왕풍의 시 〈채갈〉에서 유래한 말로, 타지에 나간 남편에 대한 그리움을 표현한 것이다.

동양에서는 하루를 12지지地支로 나누고 각각의 지지마다 상징

적인 동물을 대입해 시간을 나타냈다. 쥐, 소, 호랑이, 토끼, 용,

뱀, 말, 양, 원숭이, 닭, 개, 돼지의 12마리 동물로 상징되는 12

지는 중국의 도교 사상으로부터 전해진 것으로 12방위를 나타

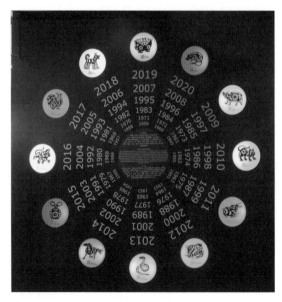

12간지.

내는 방위신의 성격을 띠고 있었다. 이것이 날짜와 계절, 시간을 나타내는 데 사용되면서 1년은 12달, 하루를 12지지로 나누게 된 것이다. 이러한 12진법을 기초로 한 시간 개념은 고사성어에서도 찾아볼 수 있다.

일각 여삼추는 《시경》에 담긴 왕풍의 〈채갈〉이라는 시에서 유래되어 우리에게 전해진 고사성어이다. 《시경》은 중국 주나라부터 춘추시대 초기까지 300여 편에 달하는 민요를 모아 놓은 가장 오래된 시집이다.

타국에서 돌아오지 않는 남편을 기다리는 부인이 남편이 돌아올 길목에 앉아 나물과 칡뿌리를 캐며 그리움을 노래하는 시로, 일일 여삼추, 일각 여삼추, 일일 천추 등 다양한 표현으로 전해져 왔다고 한다.

나물을 캐며 그리운 남편을 기다리는 부인의 심정을 노래한 시가 왕풍의 〈채갈〉이다.

1각^{刻}은 15분으로 1지지에 해당하는 2시간을 팔등분한 것이다. 8각이 모여 1지지가 되고 12개의 지지가 모여 하루가 되는 것이다. 일각 여삼추는 15분이 마치 세 번의 가을, 즉 3년과 같이 길게 느껴진다는 의미로 깊은 그리움을 시간에 빗대어 잘 표현하고 있다.

12진법

고대 바빌로니아와 이집트, 그리스 문명에서는 12진법을 사용했다. 낮과 밤을 12등분으로 나누어 지금의 24시간이 탄생하게 되었다. 하늘에 12개의 별을 기준으로 만든 시간 개념은 12진법의 대표적인 예이다.

전 세계의 수 단위와 위치적 기수법에 따른 계산 방식은 10진법으로 통일이 되었지만, 인도아라비아 숫자가 유럽으로 전파되기 전까지만 해도 유럽의 전통적 수 체계는 12진법이었다. 그리고 지금까지도 그 전통은 일상생활 속 단위에 많이 남아 있다.

그 대표적인 예로 연필을 세는 단위를 들 수 있다. 영국에서 시작된 단위인 다스 (dozen의 일본식 표기)는 연필

과거 연필은 12개를 한 묶음으로 판매했다.

12자루 한 묶음을 말한다. 우리는 10진법을 기준으로 수학을 배우면서 왜 연필의 단위는 12개가 기준인지 궁금하게 생각해본 적이 한 번쯤은 있었을 것이다. 그 이유는 유럽의 12진법 전통이 고스란히 남아 전해진 흔적이었기 때문이다.

12진법의 흔적은 연필의 단위뿐만 아니라 날짜와 시간에도 남아 있다. 현재 1년이 12달, 하루가 24시간인 이유도 12진법의 영향이다. 오히려 12진법은 10진법에 비해 훨씬 더 편리한 수 체계였다고 하는 학자들도 있다. 특히 12진법은 상거래나 서로 몫을 나눌 때 매우 유용하게 사용되었다고 한다.

12진법의 유용한 예 중 하나는 사냥감의 배분에서 볼 수 있다. 세 사람이 사냥하여 토끼 10마리를 잡았다. 어떻게 나누어 가질 것인가?

이것은 생각보다 쉽지 않은 문제다. 십진법을 사용하면 3.333…으로, 나누어떨어지지 않기 때문이다. 그렇다고 애써 잡은 한 마리를 놓아줄 수도 없는 노릇이다. 이때 가능한 방법은 두 마리를 더 잡는 것이다. 12마리가 되면 4마리씩 나누어 가지면 되기 때문이다. 굳이 똑같이 나누기 위해 두 마리

를 더 잡는 수고로움을 더해야 하는 건가 싶지만 12개를 기준으로 삼는 수 단위가 정착되었다면 오히려 자연스러운 방법일 것이다. 12마리를 기준으로 24, 36, 48…이 되었을 때 나누어 가지면 되기 때문이다.

12진법을 확장하면 12의 5배수인 60진법이 나온다. 상거래를 할 때도 10개 단위로 물건을 팔지 않고 12개 단위로 물건을 팔면 훨씬 계산하기 편리하다. 12는 약수가 1, 2, 3, 4, 6, 12로 모두 6개지만 10은 약수가 1, 2, 5, 10으로 4개뿐이다. 약수가 적다는 것은 나누기할 때 매우 불리하다. 결국 12진법은 나누기를 할 때 소수가 나올 확률이 적어 10진법보다 훨씬 효율적이다.

상거래에서는 10개 단위보다 소수가 나올 확률이 적은 12개 단위가 더 효율적이다.

11

삼천갑자 동방삭도
자기 죽을 날은 모른다

아무리 뛰어난 능력을 지니고 있어도 자신에
게 닥칠 미래는 알 수 없다는 뜻을 가지고 있
으며 겸손한 마음으로 현재를 살아야 한다는
교훈을 담고 있다.

어느 날 갑자기 앞길을 훤히 꿰뚫어 볼 수 있는 초능력이 생
긴다면 기분이 어떨까? 상상하는 것만으로도 매우 흥미로운 일
이지만 아쉽게도 현실은 한 치 앞을 알 수 없는 미로의 연속이
다. 어쩌면 앞을 내다볼 수 없는 우리의 일상이기에 더 신중한
태도로 삶에 집중하는 것일지 모른다.

우리 속담에 '삼천갑자 동방삭도 자기 죽을 날은 모른다'라는
말이 있다. 경험 많고 능력 좋은 사람이 자칫 자만에 빠져 실수
하지 않기를 바라는 마음이 담긴 속담이다.

이 속담의 주인공인 동방삭은 중국 서한 시대, 무제의 신하로,
매우 뛰어난 처세술과 지략을 지닌 문장가였다. 삼천갑자^{三千甲子}
라는 수식어가 항상 따라 다닐 만큼 동방삭은 장수의 상징으로
도 유명하다.

실존 인물인데도 마치 신선처럼 그려지고 있는 동방삭에 대한
중국의 설화는 매우 다양하고 풍부한 상상력을 보여준다. 또한

우리나라에까지 구전되어 새롭게 재창조되기도 했다.

삼천갑자 동방삭의 설화는 장수에 대한 선조들의 꿈과 열망을 잘 대변해주고 있다. 열악한 의술과 전염병, 전쟁 등으로 천수를 끝까지 누리기 어려웠던 시절에 장수는 하늘이 내려준 최고의 축복이자 행운이었기 때문이다.

삼천갑자 동방삭 설화는 이야기가 여러 가지다. 그중 우리나라에 전해 내려오는 재미있는 동방삭 설화는 다음과 같다.

부잣집 아들로 태어난 동방삭은 어릴 때 장난기가 많은 심술꾸러기였다. 특히 맹인 놀리기를 너무나 좋아하여 어느 날 한 맹인에게 심한 장난을 쳐서 봉변을 당하게 한다.

동방삭의 심술에 너무 화가 난 맹인은 동방삭이 얼마 못 살 것이라고 저주의 예언을 쏟아낸다. 이 맹인은 점을 잘 치는 사람이었다(신선이라고 하는 이야기도 있다).

이 이야기를 전해 듣고 당황한 동방삭의 부모는 수명을 연장할 방법을 알려달라고 맹인에게 사정한다.

중국이나 우리나라에는 신선에 대한 다양한 설화들이 전해진다.

결국 맹인은 저승사자를 잘 대접하면 방법이 있을 것이라 일러
준다.

이후 동방삭은 맹인이 알려준 대로 어렵게 저승사자를 찾아 극진히
음식을 대접했다.

동방삭에게 음식을 얻어먹은 저승사자는 동방삭의 수명이 적힌 명
부에서 삼천일三千日이라고 적힌 숫자 日에 가운데 획을 그어 甲으
로 바꾼다. 극진히 대접해준 동방삭의 친절에 저승사자가 해줄 수
있는 보답이었다. 동방삭은 저승사자를 극진히 대접한 대가로 삼천
일을 살아야 할 운명을 바꿔 삼천갑자를 살게 된 것이다.

동방삭에 대한 또 다른 재
미있는 설화가 있다.

동방삭이 삼천갑자를 살다
보니 다양한 삶을 경험하게
되고 결국은 인생과 자연의
이치를 깨닫는 신선의 경지
에 이르게 된다. 저승사자들
이 동방삭을 잡으려 해도 깨
달은 지혜와 꾀가 너무나 출

중하여 그는 번번이 저승사자를 잘 따돌렸다.

동방삭이 죽지 않자 자연의 질서가 무너지는 것을 걱정한 염라대왕은 당장 동방삭을 잡아 오라고 불호령을 내렸다.

동방삭의 행방을 수소문하던 저승사자는 동방삭을 잡을 묘안을 내게 되는데 그것은 냇가에 앉아 숯을 씻는 것이었다. 그렇게 며칠을 냇가에서 숯을 씻고 있는 저승사자에게 어느 날 한 나그네가 왜 숯을 씻고 있는지 물었다.

저승사자는 숯을 깨끗이 씻어 하얗게 만들려고 한다고 했다. 그러자 나그네는 비웃으며 말했다.

"내가 삼천갑자를 살았지만, 숯을 씻어 하얗게 만든다는 이야기는 처음 들어봤소."

이 말에 그가 동방삭임을 알아본 저승사자는 바로 동방삭을 잡아 염라대왕에게 데리고 갔다.

숯은 아무리 씻어도 검은색이다.

이 이야기에서 유래된 속담이 '삼천갑자 동방삭도 자기 죽을 날은 모른다'이다. 우연히 신기한 광경에 질문을 던졌다가 죽음을 맞이하게 될 줄 몰랐던 동방삭의 어리석음을 풍자한 속담이다.

이 속담은 아무리 뛰어난 능력을 지닌 동방삭이라도 자신에게 닥칠 미래를 알 수 없었던 것처럼 현재를 겸손한 마음으로 충실히 살아가라는 교훈을 우리에게 전해주고 있다.

이야기 속에 등장하는 냇가는 경기도 용인에서 발원하여 성남을 지나 송파와 강남을 지나 흐르고 있는 탄천炭川이다. 한강의 지류인 탄천의 발생설화이기도 한 이 이야기에서 왜 탄천이라는 이름이 생겼는지가 잘 나타나 있다. 탄천의 탄은 숯을 나타내는 말로 저승사자가 숯을 씻어 검게 되었다는 데서 유래했다.

경기도 용인에서 시작해 강남을 지나는 탄천은 저승사자가 숯을 씻어 검게 되었다고 해 탄천이라고 불리게 되었다고 한다.

동방삭이 살았다는 삼천
갑자는 과연 얼마나 되는
기간일까?

12간지 또는 12지지.

갑자는 육십갑자^{六十甲子}를
나타내는 말이다. 육십갑
자란, 하늘을 상징하는 10
개의 천간과 땅을 상징하
는 12개의 지지를 결합하
여 만든 60개의 간지^{干支}를
말한다. 간지는 천간과 지
지가 하나씩 짝을 이루어 만들어진다.

천간과 지지의 조합은 다음과 같다.

십신장	천간^{天干}	갑^甲	을^乙	병^丙	정^丁	무^戊	기^己	경^庚	신^申	임^壬	계^癸	갑^甲	을^乙	병^丙	…
십이지신	지지^{地支}	자^子	축^丑	인^寅	묘^卯	진^辰	사^巳	오^午	미^未	신^申	유^酉	술^戌	해^亥	자^子	…

60갑자는 10개의 천간과 12개의 지지를 조합시켜 만들게 된다. 10개인 천간과 달리 12개인 지지는 천간과 짝이 맞지 않아 2개가 남게 된다. 이때는 첫 번째 천간인 갑이 11번째 지지인 술과 다시 대응하는 형식으로 짝을 이루어 순환되는 원리다.

60간지의 순서는 갑자, 을축, 병인, 정묘, 무진, 기사, 경오, 신미, 임신, 계유로 이어지고 신유, 임술, 계해로 끝이 난다. 첫 번째 간지가 갑자이며 60번째 간지가 계해이다.

간지는 왜 60개인가? 그것은 10개의 천간과 12개 지지의 숫

10개의 천간과 12개의 지지가 조화를 이뤄 순환되는 원리가 육십갑자이다.

자에 답이 있다.

60간지가 한 바퀴 순환하여 다시 첫 번째 간지인 갑자로 돌아오기까지를 계산하는 방법은 10과 12의 최소공배수를 구하면 된다. 12와 10의 최소공배수는 60이다. 10의 배수와 12의 배수가 60이라는 숫자에서 처음 만나게 된다. 그래서 60간지가 된 것이다.

우리는 자신이 태어난 간지로부터 정확히 60년이 흐르면 다시 태어난 간지로 돌아온다. 갑자년에 태어난 사람이 다음 갑자년이 되려면 60년을 기다려야 한다는 의미다. 그래서 61세를 환갑還甲이라고 부른다. 환갑의 환자는 둥근 고리를 나타내며 '돌아온다'라는 의미를 담고 있다.

환갑은 60년 주기를 기준으로 하던 우리나라의 날짜와 나이 개념에서 매우 중요한 의미를 지닌다. 인생의 한 순환이 끝나고 새로운 순환이 시작되는 시점이기 때문이다. 인생은 60부터라는 말도 이러한 60간지의 순환에서 나온 말일 것이다.

60개의 간지가 한 바퀴 순환하여 만들어진 주기를 1갑자라고 한다. 이것은 60을 한 묶음으로 하여 단위가 올라가는 60진법이다. 60간지는 나이뿐만 아니라 임진왜란, 병자호란, 기묘사화, 갑오개혁, 을사늑약 등 역사적 사건을 기록한 연대표시에서도 찾아볼 수 있다.

동방삭은 자그마치 삼천갑자를 살았다고 한다. 삼천갑자는 과연 얼마나 되는 시간일까?

이것을 계산해보면 1갑=60, 60×3000=180,000년이다.

실제 동방삭이 18만 년을 살지는 않았을 것이다. 이 속담을 통해 우리는 18만 년이라는 장구한 시간과 숫자에 대한 상상력이 아주 오래전부터 인류의 삶 속에 녹아들어 있었다는 것을 확인할 수 있다.

2020년은 경자년 쥐띠 해이다.

60진법

현재 우리가 사용하는 시간과 분은 60진법을 기준으로 만들어진 것이다. 1분은 60초, 1시간은 60분으로 나눈 것은 아주 오래된 전통을 가진 기수법이다.

고대 메소포타미아와 바빌로니아에서 사용하던 60진법은 그리스를 지나 유럽과 동양에까지 전해져 오늘날 날짜와 시간, 각도, 좌표, 화씨온도, 도량형 등의 기준이 되고 있다.

고대 바빌로니아인들은 하늘의 별이 한 바퀴 돌아 제자리로 오는 날을 측정해서 1년을 360일로 정했으며 한 달을 30일로 삼고 360÷30＝12의 계산을 통해 일 년을 12달로 나누었다.

고대 바빌로니아인들은 1년을 360일, 12달로 나누었다.

바빌로니아인들은 별들의 원운동을 관찰하면서 알게 된 둥근 원의 각도를 360도로 생각했다. 이것은 60진법에 영향을 주었고 12진법과 함께 생활 속에서 유용하게 사용되었다. 60진법은 1부터 59까지 수를 센 후 60이 되면 한 묶음이 되어 단위가 올라가는 기수법이다.

바빌로니아인들은 1은 ▼, 십은 ◀ 모양을 한 2개의 쐐기문자만으로 모든 수를 표기했다. 60은 조금 긴 모양의 ▼으로 표기했으나 1과 모양이 잘 구분되지 않았다.

바빌로니아 숫자는 최초로 단위 표시와 위치적 기수법을 사용하여 큰 수 계산을 할 수 있었다. 바빌로니아의 위치적 기수법은 십진법의 위치적 기수법과는 달랐다.

바빌로니아 숫자.

십진법 숫자 75를 바빌로니아 숫자로 표시해보면 60+15의 형태로 나누어서 표기해야 한다.

예를 들어, 십진법의 75는 𒐕 𒀹 𒌋𒌋 세 개의 숫자를 사용하여 표기했으며 각 단위에 표시된 𒐕:60 𒀹:10 𒌋𒌋:5를 합쳐 계산해야 했다.

바빌로니아의 60진법에서 사용된 단위는 … $1×60^2$, $1×60^1$, $1×60^0$와 같다. 또한 바빌로니아 숫자는 작은 단위를 계산하는 방식도 10진법과는 달랐다. 1보다 작은 수는 분수로 계산을 해야 하는 번거로움이 있었다.

바빌로니아 숫자의 단위는 오른쪽에서 왼쪽으로 올라가는 형태였다. 오른쪽에서 세 번째 자리에 𒐖가 표기되어 있다면 그것은 $2×60^2$인 $2×3600=7200$인 것이다. 이러한 단위는 현재 우리가 사용하고 있는 시계를 보면 훨씬 쉽게 이해를 할 수 있다.

우리는 컴퓨터나 전자시계에서 03:20:15라는 숫자를 보면 3시 20분 15초로 읽는다. 이것은 바로 바빌로니아의 60진법 전통에서 온 것이다.

시간에 해당하는 자리는 3×60^2이며 분에 해당하는 자리는 20×60^1, 초에 해당하는 자리는 15이다. 이것은 시간이 60초를 기준으로 단위가 올라가는 60진법으로 만들어졌기 때문이다.

시간을 나타내는 3이라는 숫자는 십진법의 3의 의미와는 다르다. 십진법의 3이 아닌 엄격히 말하면 $3 \times 60^2 = 10,800$초인 것이다.

바빌로니아의 60진법에 0의 개념은 없었다. 그래서 0의 자리는 공백으로 남겨두어 표기했다. 만약 3601을 표기할 때는 ⟨ _ ⟨ 이 되는 것이다. 때에 따라서 가운데 공백이 정확히 구분하기 어려운 상황도 발생하게 되었다. ⟨⟨ 이렇게 보이기도 했다. 특히 맨 끝자리를 비워둘 경우는 더 구분하기 어려워 오차가 발생할 가능성도 있었다.

60진법은 약수가 많아 나누기할 때 매우 편리했으며 큰 수를 표현할 수 있다는 장점이 있었지만 복잡한 계산식 때문에 역사 속으로 사라져갔다.

내 코가 석 자다

내 사정이 너무 급해서 다른 사람을 도울 여
유가 없다는 의미이다.

　우리는 종종 힘들고 어려운 상황에 직면하게 되면 '내 코가
석 자다'라는 속담을 사용한다. 내 사정이 너무나 급하여 다른
사람의 사정을 돌볼 여유가 없다는 의미로, 생활 속에서 빈번히
쓰이고 있는 속담이다.

　그런데 왜 하필 코가 석 자
일까? 코는 우리 얼굴의 균형
을 잡아주며 전체적인 인상을
결정 짓는 중요한 역할을 한
다. 크고 오뚝한 콧날은 미인
의 상징이며 도도하고 자신감

내 코가 석자인 상황은 어떤 상황일까?

이 넘치는 사람을 콧대가 높다고 표현한다. 오만한 행동을 서슴
지 않는 사람을 강하게 질책했을 때 '콧대를 꺾어 놓았다' 혹은
'코를 납작하게 했다'라고 말한다.

　코는 한 사람의 자존감과 정체성의 척도가 되기도 한다. 이렇

게 중요한 코가 볼품없이 쑥 빠져 길게 늘어졌다니 자존감과 정체성에 큰 상처를 입었을 것이다.

한편에서는 코를 콧물로 보는 견해도 있다. '다 된 밥에 코 빠트린다'라는 속담에서 코는 콧물의 의미로 사용되고 있다. 그래서 '내 코가 석 자다'에서 말하는 코의 의미도 콧물로 해석할 수 있다는 견해가 있다. 콧물은 늘어날 수 있으나 ─물론 석 자나 늘어날 수는 없지만─ 피노키오처럼 코가 늘어난다는 것은 현실적이지 않다는 것이다.

피노키오는 거짓말을 하면 코가 늘어난다.

속담의 다양한 해석은 참으로 재미있다. 그러나 속담의 대상이 무엇이든지 간에 의미에 더 집중해서 생각해보자.

코이든 콧물이든 길게 늘어났다고 상상하는 것만으로도 매우 우스꽝스럽고 불편하다. 하는 일마다 어려움이 따를 것이며 지장을 초래할 것이다. 그것도 자그마치 석 자나 되니 난처함이 하늘을 찌를 것이다.

석 자는 얼마나 되는 길이일까?

자는 한자의 척^{尺}과 같은 의미로 삼국시대부터 전해 내려온 길이를 재는 도량 도구 중 하나이다.

전통적으로 자는 건축, 조선, 토지, 옷감, 가죽 등 다양한 분야에 사용되었으며 현재 우리가 쓰는 미터법으로 환산하면 약 30.3cm에 해당한다.

속담에서 말하는 '석 자^{三尺}'를 계산해보면, 한 자가 약 30.3cm로, 30.3cm×3＝90.9cm가 된다. 즉 석 자는 약 90.9cm 정도의 길이이다.

우리말에 삼척동자라는 말이 있다. 삼척동자는 키가 삼척이 되는 어린 아이를 가리키는 말이다. 삼척은 석 자의 한자식 표현으로 약 90.9cm 정도다. 약 3~4세 가량에 해당하는 아

3살이 약 90cm 정도라고 한다.

이의 키다. '삼척동자도 다 아는 이야기'라는 속담은 3~4세 정도의 어린아이가 들어도 이해가 갈 만큼 쉬운 이야기라는 뜻을 담고 있다.

이에 반해, 구척장신九尺長身이라는 사자성어도 있다. 매우 키가 큰 사람을 빗대어 표현하는 것으로 현재 미터법으로 계산을 하면 1척=30.3cm, 30.3cm×9=272.7cm이다. 아무리 키가 크다고 해도 너무나 비현실적이다.

구척장신과 같이 거인을 나타내는 표현은 역사서에도 적지 않게 찾아볼 수 있다. 특히 삼국유사와 삼국사기에 그려진 왕들의 키는 더욱 놀랄 만하다.

신라시대 진평왕의 키는 자그마치 11척이나 되었다고 한다. 삼국유사와 삼국사기가 쓰인 고려시대 1척은 현재의 미터법으로 약 32.2cm였다.

고려시대 척의 기준은 지금과 또 달랐다.

진평왕의 키를 고려시대 기준으로 계산해본다면

고려시대 귀족을 묘사한 고려 회화.

32.2cm×11=354.2cm로 어림잡아도 3m가 넘는다. 정말 진평왕은 3m나 되는 엄청난 거인이었을까?

역사서에 기록된 왕들의 키가 상식 외로 과장된 이유는 왕의 권력과도 관계가 있다. 11척은 단순히 진평왕의 신장만을 나타내는 단위가 아니다. 눈으로는 잴 수 없는 진평왕의 위엄과 권위를 담고 있는 수치인 것이다.

고려 태조 왕건의 어진.

이렇게 척은 시대와 국가에 따라 다르게 변형되고 다양한 의미를 지닌 채 오랜 세월 동양 문화와 경제를 발전시키는 도구로 사용되었다.

도량형 2 길이 단위인 척

우리나라에서 사용하고 있는 길이 단위인 척은 중국에서 유래되었다.

BC3000년 경의 주나라에서는 주척이라는 길이 단위를 사용했는데 엄지손가락에서 중지까지의 길이를 기준으로 하여 만들어졌다고 한다. 약 20cm 정도의 주척은 주나라에 이은

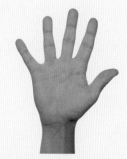

주척은 엄지손가락부터 중지까지의 길이를 기준으로 정해졌다.

진나라와 한나라를 거쳐 계승되었으며 삼국시대 이전에 우리나라에 전해졌다.

1척은 중국 한나라는 약 22cm, 고구려는 약 35.5cm, 고려시대는 32.2cm, 현재는 약 30.3cm로, 오랜 세월을 내려오면서 시대와 사용처에 따라 조금씩 개량되고 변형되었다.

우리나라는 자를 이용했으나 통일된 도량형은 없었다고 한다. 그래서 삼국시대 이후 조선 시대까지 주척을 기준 삼아 개량한 다양한 척을 길이의 기준 단위로 사용했다고 한다.

우리나라 역사 중 가장 빛나는 과학의 시대를 열었던 세종대왕은 우리 실정에 맞는 통일된 기준의 도량형을 만들고자 노력했다. 그 결과로 탄생한 것이 황종척이다.

황종척은 음악가인 박연이 만들었다는 점이 매우 흥미롭다. 박연은 곡물인 기장의 평균 크기에서 황종척의 단위를 정했다. 황종척 1척은 약 34.5cm로, 이것을 기준으로 10등분하여 1촌, 1촌을 10등분하여 1분, 1분을 10등분하여 1리라는 길이 단위를 만들었다. 황종척은 악기의 음률을 나누는 데도 이용되었다.

세종대왕은 도량형의 중요성을 인지하고 용도에 맞는 다양한 척의 기준을 만들었다. 대표적인 황종척(음악)을 비롯한 포

세종대왕.

백척(옷감), 영조척(건축), 예기척(왕실기물과 제례)과 함께 전통적으로 사용되던 주척(천문)을 개량하여 5개의 표준 도량형을 제정하여 전국에 배포했다고 한다. 하지만 안타깝게도 세종대왕의 황종척을 비롯한 표준 도량형은 임진왜란과 병자호란을 거

치면서 유실되고 이후 도량형은 기준 체계가 사라졌다.

도량형의 부재로 혼란한 경제와 국가의 틀을 다시 회복한 것이 영조시대 만들어진 경신척이다. 경신척은 조선 후기 도량형의 기준이 되었으며 사회의 질서를 다시 잡아가는 데 큰 역할을 했다.

도량형은 우리나라뿐만이 아닌 인류역사상 모든 문명을 체계화하고 기틀을 세우는 데 매우 중요한 요소이다. 도량형의 발달은 한 사회와 문명의 발전을 가늠하는 척도가 될 수 있다.

수의 개념뿐만이 아니라 수를 아주 능숙하게 다룰 수 있는 사회만이 도량형을 체계화할 수 있었다. 도량형의 체계화는 경제를 발전시키고 사회의 기준을 마련했으며 문화와 정치, 법률, 과학기술의 발전을 가져왔다.

대표적인 도량형의 종류와 단위는 168쪽을 참조하면 된다.

대표적인 도량형 종류와 단위

길이	밀리미터(mm), 센티미터(cm), 미터(m), 로미터(km), 인치(in), 피트(ft), 야드(yd), 마일(mile), 자(尺), 간(間), 정(町), 리(里), 해리(海里)
넓이	제곱미터(m^2), 아르(a), 헥타르(ha), e-제곱킬로미터(km^2), 제곱피트(ft^2), 제곱야드(yd^2), 에이커(ac), 평방자, 평, 단보, 정보
무게	밀리그램(mg), 그램(g), 킬로그램(kg), 톤(t), e-킬로톤(kt), 그레인(gr), 온스(oz), 파운드(lb), 돈, 냥, 근, 관
부피	시시(cc), 밀리리터(mℓ), 데시리터(dℓ), 리터(ℓ), 세제곱센티미터(cm), 세제곱미터(m^3), 세제곱인치(in^3), 세제곱피트(ft^3), 세제곱야드(yd^3), 갤런(gal), 배럴(bbl), 온스(oz), 홉, 되, 말
온도	섭씨온도(℃), 화씨온도(°F), 절대온도(K), °R
속도	m/s, m/h, km/s, km/h, in/s, in/h, ft/s, ft/h, mi/s, mi/h, 노트(kn), 마하(mach)
데이터양	비트(bit), 바이트(B), 킬로바이트(KB), 메가바이트(MB), 기가바이트(GB), 테라바이트(TB), 페타바이트(PB), 엑사바이트(EB)

되로 주고 말로 받는다

자신이 준 것보다 더 크게 돌려받는 것을 뜻
하는 속담으로 부정과 긍정의 의미를 모두 가
지고 있다.

우리는 모든 일에 자신의 노력보다 훨씬 더 큰 보상이 따르기를 소망한다. 그러나 노력한 것 이상으로 보상이 주어지는 경우는 그렇게 흔하지 않다.

우리 속담에 '되로 주고 말로 받는다'라는 말이 있다. 속담처럼 항상 되로 주고 말로 받을 수 있다면 얼마나 좋을까? 자신이 쏟은 에너지보다 더 큰 이익을 얻을 수 있으니 말이다.

그렇다고 해서 되로 주고 말로 받는 것이 꼭 긍정적인 결과만을 의미하는 것은 아니다. 상대방을 속이거나 골탕 먹이려는 사람에게는 오히려 더 큰 화로 돌아올 수 있다는 경고가 담겨 있기 때문이다.

되로 주고 말로 받는 것은 긍정과 부정의 의미를 모두 가지고 있다.

　중국과 우리나라에서 전통적으로 사용해 오던 길이의 단위는 척^尺(자)이었다. 속담에 등장하는 되나 말은 들이를 나타내는 단위다. 들이는 가로, 세로, 높이로 이루어진 삼차원 공간 안에서 일정한 모양을 가진 그릇이나 용기 안의 양을 가늠하는 단위이며 척(자)과 더불어 오랜 역사를 함께한 도량형 중 하나다.

　되는 사각형의 나무나 쇠로 만들어진 그릇을 말하기도 한다. 이 그릇의 크기는 성인 남자가 두 손을 모아 곡식을 담았을 때 두 손 안에 들어오는 양을 말한다. 이것은 고대 중국으로부터

옛날 선조들의 여러 가지 측정 도구들과 되가 쓰인 모습. 쌀 1되이다.

전해 내려오는 들이 단위인 1승^{升}과 같다.

되는 한국식 표현이다. 1두^{斗}, 1석^{石} 또한 1말, 1섬의 한자어 표기로 같은 단위를 의미한다. 전통적인 들이 단위는 다음과 같다.

10홉^{合}은 1되와 같다. 중국과 달리 우리나라는 10홉을 큰 되^{大升}, 5홉을 작은 되^{小升}로 구분해 사용했다.

10되는 1말과 같다. 10말은 1섬과 같다. 섬은 되의 100배가 되는 양이다.

'천석꾼에 천 가지 걱정, 만석꾼에 만 가지 걱정'이라는 속담이 있다. 재산이 많을수록 걱정도 많다는 의미다 여기서 천석^{千石}과 만석^{萬石}은 섬과 같은 단위를 말한다.

1되는 현재 미터법으로 약 1.8ℓ다. 우리가 흔히 볼 수 있는 1.8ℓ 생수 페트병에 해당하는 용적이다. 1홉은 1되의 십 분의 일인 180mℓ로 자판기에서 나오는 커피 종이컵 한 개 정도의 분량이다. 1말은 1되의 10배인 18ℓ로, 정수기에 거꾸로 장착하는 대용량 생수통 정도의 양을 생각하면 가늠이

1되는 생수 1.8ℓ와 같다.

1홉은 자판기용 종이컵의 용량인 180mℓ와 같다.

될 것이다.

우리의 고전 심청전에는 공양미 300석 때문에 인당수에 몸을 던지는 심청의 가슴 아픈 사연이 등장한다. 아버지 심 봉사의 눈을 뜨게 만든 300석은 과연 얼마나 되는 양일까?

물론 볏짚으로 섬을 계산하던 예전의 계량 방식을 정확한 용적과 곧바로 연결하는 데는 적지 않은 오차가 있다. 들이 단위인 석은 섬과 같은 의미로 1섬은 1말의 10배인

180ℓ다. 우리 주변에서 180ℓ에 해당하는 물건을 찾아보면 쉽게 떠오르지 않을 것이다. 180ℓ는 매우 큰 용량이기 때문이다.

현대의 미터법에서 쌀과 같은 곡물은 부피 단위가 아닌 무게 단위로 계산한다. 홉, 되, 말과 같은 전통적인 부피의 단위는 담는 재료의 크기에 따라 많은 오차가 있다. 특히 쌀알은 알갱이 사이에 공간이 있어 어떻게 눌러 담느냐에 따라 양이 달라지는 눈속임

어떤 곡식이냐에 따라, 곡식 크기에 따라 오차가 크기 때문에 현대에 와서는 무게로 거래하게 되었다.

이 가능하다. 그런 이유로 정확한 개량이 가능한 현대에 와서는 쌀, 콩, 보리, 수수와 같이 비중에 따라 달라질 수 있는 곡물들은 부피가 아닌 무게로 환산하게 되었다.

우리가 마트에서 음료수는 우유 500㎖, 1000㎖, 콜라 1.8ℓ의 부피 기준으로 구매하지만 쌀, 콩, 보리는 1kg, 4kg, 10kg, 20kg의 무게 단위로 사는 이유가 바로 이것 때문이다.

콩은 한 되의 무게가 쌀과는 또 다르다. 콩의 알갱이가 쌀보다 더 크기 때문에 같은 1kg이라고 해도 부피로 계산하게 되면 실제 양적인 면에서 차이가 난다. 그래서 쌀과 콩 한

곡식의 종류는 다양하며 종류에 따라 크기도 달라 거래하는 기준도 다를 수밖에 없었다.

되는 서울, 경기에서는 작은되 기준 쌀 약 0.8kg, 콩 약 0, 7kg이었다고 한다.

곡물의 양을 재는 기준은 시대와 국가 심지어 지방마다 단위가 달라 정확한 수치를 결론지을 수 없다. 그런데도 현재의 미터법을 기준으로 심청전에 나오는 공양미 300석을 유추해 계산해보면 다음과 같다.

1섬을 현재 미터법으로 계산하면 약 144kg에 해당한다. 쌀은

10ℓ당 무게가 약 7, 98kg이라고 한다. 180ℓ의 쌀 무게를 계산하기 위해서는 7.98×18=143.64로 약 144kg이다.

공양미 300석은 약 144kg×300=43,200kg으로 20kg 쌀 2,160포대에 해당한다. 이것을 1,000kg인 1t 트럭에 싣는다면 어림잡아 약 43대 분량이다.

앞서 말한 천석꾼과 만석꾼의 재산도 어림잡아 보자. 천 석은 300석의 약 3.3배로 1t 트럭 43대×3.3=141.9인 약 142대 분량에 해당한다. 만석꾼은 그 10배인 1t 트럭 약 1420대 분량의 쌀을 소유한 사람이다. 상상하는 것만으로도 엄청난 양의 재산이다. 모든 경제의 중심이 쌀이었던 시절에 천석꾼, 만석꾼은 모든 농부가 도달하고 싶은 최고의 꿈이자 소망이라고 할 만하다.

심청이가 심봉사의 눈을 뜨게 해주기 위해 팔려간 공양미 300석은 20kg의 쌀 약 2,160포대에 해당된다. 왼쪽은 고대소설 심청전 영인본 표지(20세기 후반).

이런 기준으로 보았을 때 심청에게 시주하라는 공양미 300석은 실로 어마어마하다. 천석꾼 재산의 3분의 1이요 만석꾼 재산의 30분의 1이다. 심청의 효심을 그깟 공양미 300석에 비할 바는 아니지만 현재의 단위로 환산해도 가난하고 여린 소녀가 감당하기에는 너무 가혹한 양이다.

아버지의 눈을 뜨게 하겠다는 심청의 진정성을 기껏 1t 트럭 대수로 환산해야 가늠이 되는 이 얄팍하고 미천한 소시민의 상상력을 용서하기 바란다.

도량형 3 척근법

국제단위계에서 부피를 나타내는 정식단위는 세제곱센티미터(cm³)다. 생활 속에서는 시시$^{cc, cubic centimeter}$나 리터(liter, L)를 더 많이 사용하고 있어 부피 단위인 세제곱센티미터는 쉽게 가늠하기 어렵다. 세분해서 말한다면 cm³는 부피이고 cc나 ℓ는 들이 단위다.

약을 주사할 때 주로 cc 단위를 쓴다.

음료는 ℓ 단위를 쓴다.

부피와 들이는 측정 기준의 차이가 있다. 부피는 가로, 세로, 높이로 이루어진 입체도형이 공간에서 차지하는 크기를 나타내며 다른 말로 체적이라고도 한다. 들이는 부피를 가진 도형의 안쪽 공간의 크기를 말하는 것으로 용적이라고 한다.

중국과 우리나라에서 전통적으로 쓰던 들이의 단위는 홉(합合),

되(승升), 말(두斗), 섬(석石)이 있다. 이것은 고대 중국으로부터

우리나라에 전해진 척근법 중 부피를 나타내는 단위다. 척근법

은 길이를 척, 부피를 승, 무게를 근으로 하는 중국, 한국, 일

본 등 동양에서 사용되던 도량형이다.

중국과 우리나라의 척근법의 역사를 살펴보면, 다수의 국가

지도자는 시대 상황에 맞는 제도 개혁을 통해 척근법을 통일시

키고자 노력했다. 하지만 전통적인 관습에 더 익숙했던 사람들

에게 척근법은 나라마다 지방마다 고유의 기준이 있을 만큼 다

양한 형태로 계승됐다.

되를 현재 미터법의 부피 단위인 cm^3로 고쳐보면 다음과

같다.

$$180.39cm^3 = 1홉$$

$$1,803.9cm^3 = 1되$$

$$18,039cm^3 = 1말$$

$$약\ 180,390cm^3 = 1섬$$

부피 $1cm^3$는 들이 $1m\ell$이며 $1000cm^3 = 1000m\ell = 1\ell$다.

그래서 1홉＝ 약 0.18ℓ, 1되＝ 약 1.8ℓ, 1말＝약 18ℓ, 1섬＝180ℓ이다.

고대 중국의 되에 해당하는 1승의 부피는 약 313.6cm³로 추정된다고 한다. 이것을 기준으로 10배인 두는 3136cm³이며 100배인 석은 약 31,360cm³ 정도이다.

하지만 고대 중국의 부피 단위는 춘추전국시대에 100:64 비율로 정비가 된다. 이 당시 1승(되)은 약 205.5cm³가 된다. 이 기준은 이후 건국된 진과 한나라에 계승되어 다시 한번 당나라에 이르러 도량형 개혁이 있을 때까지 사용된다. 당나라는 한나라 이후 계승되던 도량형을 기존의 3배로 다시 정비한다.

우리나라는 신라시대 당나라의 영향을 받아 1되는 약 596cm³였다고 한다. 되는 이후 고려시대에도 많은 변화를 겪었지만 결국 조선 세종 시대 도량형의 표준화를 통해 전통적으로 써오던 약 596cm³의 기준으로 복원되었다고 한다.

하지만 현대의 미터법이 들어오면서 홉, 되, 말, 섬의 단위는 사라져 가고 있다. 1되가 약 1.8ℓ로 정립된 것은 불과 얼마 안 된 일이다. 1905년 일본의 영향으로 도량형이 바뀌면서 1석은 약 1.8ℓ, 1말은 18ℓ, 1석은 180ℓ로 정립되었다.

도량형의 변화로 사라진 생활 속 단위는 또 하나 있다. 최근까지도 사용했으나 요즘은 사용하지 않는 가마니는 1900년대 초 일제 강점기에 일본에서 우리나라에 도입되어 곡물의 양을 재는 기준이 되었다. 가마니는 원래 곡물을 담았던 자루였던 것이 곡물의 기준 단위로 정착된 것이다.

현재 일반 가정에서는 운반의 불편함과 쌀소비 감소로 가마니 단위로 쌀을 구매하는 경우는 거의 찾아볼 수 없게 되었다. 포장 재질의 발달이 가마니를 쓰지 않는 가장 큰 이유 중 하나다.

가마니는 자취를 감추었으나 몇십 년 전까지만 해도 한 가마니는 쌀 다섯 말에 해당했으며 10말인 두 가마니를 1섬으로 환산했다. 또 언제인가부터 쌀 한 가마니를 약 80kg으로 환산했으나 현대에 와서는 40kg로 환산하기도 해 가마니는 도소

가마니.

매 상거래에서 사용되는 생활 단위일 뿐 공식적인 단위로 보기는 어렵다.

가마니와 섬의 개념은 또 다르다. 가마니는 무게고 섬은 부

피이기 때문이다. 종종 우리는 무게와 부피를 연결짓기 어려울 때가 많다. 만약 1ℓ의 물은 몇 g인가? 라는 질문을 받게 된다면 쉽게 대답할 수 없다.

부피와 무게는 단위의 개념이 다르기 때문이다. 특히 부피는 재는 대상이 액체, 가루, 곡식, 기름 등에 따라 차이가 있으며 액체인 경우는 기압과 온도에도 영향을 받는다.

현대 미터법에 따르면 물 1g은 4℃ 물 $1cm^3$ 부피에 해당하는 무게다. 그래서 물 $1cm^3$는 1g이다. 그렇다면 위의 질문에 대한 답을 구해보자.

먼저, 들이 단위인 1ℓ를 부피 단위로 바꾸면 $1000cm^3$가 된다. 물 $1cm^3$는 1g이므로 $1000cm^3$는 1000g이다. 1000g은 1kg과 같다. 결론적으로 물 1ℓ는 물 1kg으로 환산하면 된다.

생수 1.8ℓ의 무게는 1.8kg이다. 이것은 물의 경우에만 해당한다. 물 이외 들이나 부피를 무게로 환산하기 위해서는 좀 더 복잡한 수식이 필요하다.

도량형은 국가에서 정한 통일 도량형이 있음에도 전통과 필요에 따라 우리 삶 속에 정착되기도 하고 사라지기도 하면서 우리 사회와 경제를 안정시키는 도구로써 큰 역할을 하고 있다 (168쪽 도량형 종류 참조).

소 잃고 외양간 고친다

미리 외양간을 고쳐 놓았다면 외양간이 무너져 소를 잃을 일이 없어 소중한 재산을 잃지 않았을 것이라는 뜻으로, 미리미리 대비하지 않아 사건이 벌어진 후에 후회하는 경우에 쓰는 속담이다.

농경사회에서는 소가 매우 소중한 자산이었다. 평소에는 농사일을 도우며 미래에는 부를 책임져 줄 적금과도 같았다. 그래서 우리 선조들은 암소가 송아지를 출산하는 것을 집안의 큰 경사로 생각하고

농경사회에서 소는 중요한 일꾼이자 소중한 자산이었다.

행운의 징조로 보았다. 송아지는 자산이 늘어나는 기쁨이자 부의 축적이 시작되는 출발점이었기 때문이다.

그런데 갑자기 소중한 소가 죽었다면 어떤 기분이 들겠는가?

아마도 하늘이 무너져 내리는 충격에 휩싸일 것이다. 그것도 미리 대비하지 못한 자신의 실수 때문이라면 더욱 땅을 치며 후회했을 것이다. 현재와 미래의 소득뿐만 아니라 삶의 희망까지도 모두 잃어버릴 수 있으니 말이다.

우리 속담에 '소 잃고 외양간 고친다'는 말이 있다. 어떤 일을 미리 대비하지 못하고 사건이 벌어진 후에 후회한다는 이야기다. 외양간이 무너져 소는 이미 죽었는데 다시 외양간을 고친다고 소가 살아날 수는 없다. 미리 외양간을 고쳐놓았더라면 소중한 재산을 잃지 않아도 되었을 텐데 말이다.

이 속담은 모든 것을 잃은 후에 실수를 만회하려고 애쓰는 우둔한 사람을 강하게 질책하는 뜻을 담고 있다. 이와 비슷한 속담으로는 사후약방문死後藥方文이 있다.

사후약방문은 죽은 망자에게 처방을 내린다는 말로, 이미 벌어진 일의 뒷수습은 아무 의미가 없다는 뜻이다. 이미 엎질러진 물이기 때문이다.

이미 죽은 사람에게 내리는 청방문은 얼마나 허무한 것인가.

우리나라뿐만 아니라 중국에도 망양보뢰亡羊補牢라는 비슷한 속담이 있다. 소 잃고 외양간 고친다는 의미와 비슷하지만, 그 속뜻은 조금 다르다.

원래 망양보뢰는 양은 도망갔으나 실수를 반성하고 '울타리를 다시 고쳐놓으면 된다'라는 위로의 의미가 있었다.

양은 무리 동물로 울타리에 여러 마리를 키운다. 울타리가 허

물어져 몇 마리가 도망갔더라도 다시 울타리를 복구하면 남아 있는 양이라도 지켜낼 수가 있다.

하지만 시대가 흐르면서 소 잃고 외양간 고친다는 우리의 속담처럼 질책의 의미가 강조되기 시작했다.

자산을 한순간에 잃는다는 것은 매우 뼈아픈 일이다. 특히 소와 같은 우량자산은 더없이 안타깝다. 하지만 우리 일상에서 소 잃고 외양간 고치는 일은 생각보다 많이 벌어진다. 이런 일은 현재뿐만 아니라 과거에도 많이 볼 수 있었던 광경이었을 것이다.

우리는 빚이 자산보다 많을 때 마이너스라고 표현한다. 마이너스는 빚의 의미도 있고 재산에서 빠져나간 돈을 의미할 수도 있다. 우리도 모르게 입에 붙은 마이너스라는 의미는 아무것도 없는 0보다 더 적은 수를 의미한다. 다시 말해 내가 돌려줘야 하는 돈, 손해를 의미한다.

과연 선조들은 손해를 본다는 것, 자산을 잃어버린다는 것을 수학적으로 어떻게 표현하고 생각했을까? 여기에는 음수의 개념이 필요한데 말이다.

지금은 음수의 존재가 너무나 당연하다. 하지만 역사를 조금만 거슬러 올라가면 아무것도 존재하지 않는 0의 개념을 받아들이는 데만 해도 꽤 오랜 시간이 걸렸다는 것을 확인할 수 있다. 이 사실만 보더라도 음수를 받아들이는 데는 엄청난 시간이 필요했다. 과거에는 음수란 도저히 상상 불가한 수의 세계인 것이다.

음수

고대 인류는 보이지도 만져지지도 않는 음수의 세계를 순수하게 이해할 수 있었을까? 흥미롭게도 음수라는 개념은 개인의 빚을 계산하는 과정에서 생겨났다.

아주 오랜 옛날에는 빚이나 손해를 수리적으로 어떻게 처리했을까?

늘어나는 재산은 덧셈과 곱셈으로 충분하다. 하지만 생각지도 못하게 소를 잃고 외양간을 고쳐야 하는 상황에 처하게 되면 손해를 어떻게 수리적으로 표현할 수 있을까?

실제로 동양의 수학은 공정한 이익 배분, 상거래, 회계장부, 곡식과 가축의 관리 등 현실 생활의 문제를 해결하기 위해 탄생했다.

선조들의 지혜가 듬뿍 담긴 속담 안에는 다양한 원리가 들어 있다. 어떠한 시각으로 속담을 바라보는가에 따라서도 속담이 주는 의미는 새로워진다. 소 잃고 외양간 고친다는 속담에도 수학적 원리가 포함되어 있다. 그것은 바로 음수의 개념이다.

소를 잃는다는 것은 자산을 잃는 것이며 자산을 잃는다는 것은 손해를 보거나 가진 것을 남에게 주는 것이다.

인도아라비아 숫자에서 0은 처음부터 생긴 개념이 아니었다. 1~9까지 숫자가 만들어진 후에 0의 개념이 생겼듯이 음수 또한 0 이후에 만들어진 개념이다.

인도아라비아 숫자는1~9까지 먼저 만들어 진 후 0이 생겼다.

최초로 음수에 대한 개념을 사용한 것은 중국이다. 중국 고대 수학서 중 하나인《구장산술》에서 처음으로 음수의 개념이 언급된다.

《구장산술》은 현존하는 동양 최고의 수학서 중 하나로 263년 한나라 시대 무덤에서 발견되었다. 저자와 저작연대는 미상이지만 그 안에 담긴 내용은 중국의 수학이 얼마만큼 발달했는지를 한 눈에 알 수 있게 해준다.

《구장산술》에는 음수를 정부술正負術로 표현했는데 이것은 가

축을 사고팔 때 벌어들인 돈과 지급
할 돈을 양수와 음수로 기록한 데서
유래했다.

정부술에서 정[正]은 양수를 부[負]는
음수를 나타냈다. 또한 양수인 정은
빨간색, 음수인 부는 검은색의 산대
라는 나뭇가지로 사고파는 것을 표
기했다.

《구장산술》.

《구장산술》에 이어 음수가 나타난 역사적 기록은 7세기 인도
였다. 인도에서는 재산과 부채, 전진과 후퇴를 ＋와 －개념으로
나타냈다. 인도의 대수학자이자 천문학자인 브라마굽타는 음수
가 들어간 사칙연산에 관한 책을 남겼다.

이 책을 살펴보면 브라마굽타는 음수의 사칙연산을 통해 수
학에 0이라는 개념을 도입한 것을 알 수 있
다. (부채)$-1+$(재산)$1=0$이라는
개념을 처음으로 만든 것이다.

하지만 이 당시의 사람들은
아무것도 없는 0에 대한 의미
를 잘 이해하지 못했다. 아무
것도 없고, 존재하지 않는 것을 0

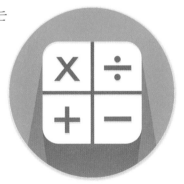

이라는 기호로 표기하는 것에 대해 많은 이견이 있을 정도였다. 만약 0이 없었다면 음수는 존재할 수 없었을지도 모른다.

비교적 빨리 음수의 개념을 사용하던 동양과는 다르게 음수의 존재를 좀처럼 인정하지 않았던 유럽은 음수를 받아들이는 데까지 꽤 많은 시간이 걸렸다.

확률의 아버지 파스칼조차도 음수를 인정하지 않았으며 0보다 작은 숫자는 있을 수 없다고 생각했다.

1724년 화씨온도계를 만든 독일의 물리학자 파렌하이트[Gabriel Daniel Fahrenhet]는 음수를 인정하지 않는 사회 분위기 때문에 화씨를 만들었다는 이야기가 전해오고 있다. 화씨는 섭씨와 달라 영하의 온도를 표시하는 데 있어 웬만해서는 양수로 쓸 수 있기 때문이다.

섭씨 $-18℃$에 해당하는 화씨온도는 $0°F$(화씨)이다. 이처럼 유럽에서 음수는 수학자와 과학자들조차도 꺼릴 만큼 매우 불편한 개념이었다.

하지만 17세기에 접어들면서 음수는 새로운 평가를 받게 된다. 수학에 좌표의 개념을 도입한 데카르트는 좌표상에 0을 기점으로 음수를

화씨온도계.

표현한다.

데카르트가 음수, 0, 양수를 좌표평면에 넣어 정수라는 수 체계를 만들 수 있었던 이유 중 하나는 0의 개념이 있었기에 가능한 것이었다.

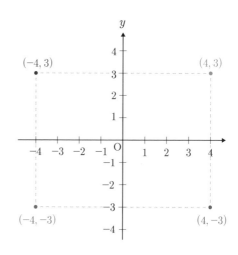

좌표평면 그래프의 예.

데카르트의 좌표는 이후 함수를 탄생시키고 미적분의 토대가 되었다. 그런데도 음수는 여전히 환영받지 못하는 수였다.

프랑스의 수학자 아르노는 $1:(-4)=(-5):20$의 모순을 지적했다. 아르노는 1은 -4보다 크지만 -5는 20보다 작으므로 이 식이 성립하지 않는다고 비판했다.

이밖에도 음수를 음수로 곱하거나 나누었을 때 양수가 된다는 것에 대해서도 많은 수학자가 비판을 했다. 음수를 빚으로 설명하자면 빚이 두 배로 늘어났는데 재산이 되어버린 꼴이다. 이렇게 음수는 수 세기 동안 여전히 인정받지 못한 채 19세기를 맞았다.

음수가 모든 불신을 끝내고 하나의 개념으로 정립될 수 있었던 것은 19세기 영국의 수학자 피콕^{Peacock}의 힘이 컸다. 피콕은 음수를 실제로 셀 수 있거나 양적인 수로서 생각하지 않고 실재하지 않는 형식적이고 개념적인 숫자로 정리했다.

조지 토머스 피콕.

이후 음수는 수학의 영역 안으로 들어와 현대 수학의 발전에 큰 역할을 하게 되었다.

《구장산술》

《구장산술九章算術》은 중국의 고대 수학서인 《산경십서算經十書》 중 하나로, 가장 오래된 천문수학서인 《주비산경周髀算經》에 이어 두 번째로 오래된 수학서이다.

《구장산술》의 연대는 미상이나 BC 3~AD 8세기 사이에 만들어진 것으로 추정된다.

오늘날 전해지는 《구장산술》은 위나라의 유휘劉徽가 263년에 주를 붙여 편찬한 것이다.

아홉 개의 장으로 이루어진 책은 묻고 답하고 풀이하는 형식으로 구성되어 있으며 총 246개의 문제가 등장한다. 《구장산술》은 이후 한국, 일본, 베트남 등 동양 문화권에 큰 영향을 미쳤으며 동양 수학의 교과서가 되었다.

《구장산술》에서 다루는 수의 영역은 유리수다. 유리수는 분수와 정수(음수와 양수)를

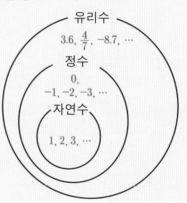

유리수
$3.6, \frac{4}{7}, -8.7, \cdots$
정수
$0,$
$-1, -2, -3, \cdots$
자연수
$1, 2, 3, \cdots$

포함한다. 서양에서 음수는 19세기가 되어서야 정립이 된다. 이것과 비교하면 《구장산술》의 음수의 개념은 수 세기를 앞선 것으로 동양 최고의 수학서로써 깊이와 뛰어남을 알 수 있다.

《구장산술》의 내용은 다음과 같다.

1 방전^{方田}: 유리수 연산, 원과 사다리꼴, 부채꼴 등 다양한 모양의 토지 넓이를 구하는 방법을 다루며 총 38개의 문제로 구성되어 있다.

2 속미^{粟米}: 속미(조)를 기준으로 곡물의 도량형 환산을 다루며 총 46문제로 구성되어 있다.

3 쇠분^{衰分}: 비례배분과 비례, 반비례를 다루며 총 20문제 형식으로 구성되어 있다.

4 소광^{少廣}: 제곱근, 세제곱근을 구하여 방정식을 푸는 방법과 다양한 모양의 토지의 넓이로부터 변이나 지름의 길이를 구하는 방법에 대해 다루며 총 24문제 형식으로 구성되어 있다.

5 상공^{商工}: 토목공사와 관계된 입체의 부피와 공사에 투입되는 인부의 수를 계산하는 방법을 다루며 총 28문제로 구성되어 있다.

6 균수均輸 : 조세와 물자수송에 관한 여러 문제를 해결하는 방법을 다루며 총 28문제로 구성되어 있다.

7 영부족盈不足 : 분배의 과부족에 대한 문제를 다루며 총 20문제로 구성되어 있다.

7 방정方程 : 1차 연립방정식을 푸는 문제로 총 18문제로 구성되어 있다.

9 구고句股 : 직각삼각형과 피타고라스 정리의 응용문제를 다루며 2차 방정식에 관한 문제도 다룬다, 총 24문제로 구성되어 있다.

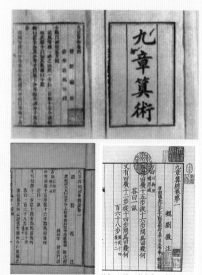

《구장산술》의 본문 중 일부.

하나만 알고 둘은 모른다

편협한 생각에 빠져 폭넓게 생각할 줄 모른다
는 의미를 가지고 있다.

사람의 시야는 180도다. 사람이 360도를 한 번에 볼 수 있다면 얼마나 좋을까? 시야가 넓어진 만큼 우리의 생각도 넓어지지 않을까?

사람의 시야는 180도, 고양이는 200도, 강아지는 280~295도 정도이다.

우리 속담에 '하나만 알고 둘은 모른다'는 말이 있다. 편협한 시각에 빠져 폭넓게 생각할 줄 모르고 단편적인 사고에 머물러 있는 사람을 질책하는 말이다. 하지만 사람은 완벽하게 객관적인 사고를 하기 어렵다. 팔이 안으로 굽듯이 자신이 바라보는 시야 안에서만 생각이 멈출 수밖에 없다.

그래서 우리는 독서를 하고 학문을 탐구하며 여행을 한다. 다양한 경험과 학습을 통해 내가 모르는 세계를 배우고 알아간다.

우리의 시야를 넓혀 줄 많은 학문 중에서 하나만 알고 둘은 모르는 상황에 가장 적합한 처방전이 될 수 있는 분야가 있다면 아마도 그것은 수학일 것이다.

수학은 논리적인 힘을 키울 뿐만 아니라 사고의 폭을 넓혀준다. 다양한 각도에서 문제를 바라봐야 하고 새로운 상상력이 필요한 학문이기도 하다. 우리가 생각하는 것 이상으로 이 세상은 수학으로 이루어져 있다.

그렇다면 수학에도 하나만 알고 둘은 모르는 일이 발생할 수 있을까?

수학에서 모르는 그 무엇을 대표하는 것은 미지수 x이다. 말 그대로 미지수 x는 등식에서 양변의 상관관계를 보지 않고서는 알아낼 수 없는 수다.

예를 들어 $4x+3=11$이라는 방정식을 풀어보자.

방정식의 해를 구하는 방법을 아는 사람에게 이 문제는 어렵지 않을 것이다. x가 얼마인지 암산으로도 금방 계산할 수 있을 것이다. 하지만 방정식의 해를 어떻게 구하는지 알지 못하는 사람들은 1부터 자연수를 넣어 봐야 한다.

이때 거짓이 되는 x값이 있고 참이 되는 x값이 있다. 하나의 x값만 알아서는 안 된다. 등식이 성립하도록 식에 다양한

x값을 넣어보고 다각적으로 생각해야 한다. 그렇게 해야만 어떤 수가 거짓이고 어떤 수가 참인지를 알 수 있게 된다. 내가 고집하는 한 가지 수만 x에 대입해서는 이 문제의 참을 알 수가 없다. 그야말로 하나만 알고 둘은 모르는 편협한 사고에 빠지면 안 되는 것이다.

방정식은 생각보다 아주 오랜 역사를 가지고 있다. 기원전에 쓰인 동양 최고의 수학서인 《구장산술》에 이미 방정식에 대한 풀이가 설명되어 있을 정도니 말이다.

우리의 선조들은 아주 오래전부터 미지수를 찾아가는 방법에

곡식을 나누고 임금을 주고 수로를 얼마나 파야 할지, 건물을 지을 때 들어갈 재료를 계산하는 모든것에 방정식이 쓰이고 있다.

대해서 고민해오고 있었다.

생활 속에 부딪히는 모든 것들이 방정식을 푸는 것과 똑같다. 수확한 곡식을 어떻게 나눌 것인가? 일을 시킨 사람들에게 얼마를 지급해야 할 것인가? 집을 짓는 데 재료는 얼마나 필요할 것인가? 얼마나 되는 넓이와 길이로 수로를 만들어야 하는가? 이모든 것들이 방정식이다.

우리는 난관에 부딪혔을 때 그 해답을 찾기 위해 고군분투한다. 답이 무엇인지 알 수 없으므로 수많은 시도를 해보는 것이다. 참이 되는 x값을 찾을 때까지 말이다.

방정식은 수학 안에서뿐만 아니라 우리 삶 속에도 항상 있었다. 하나만 알고 둘은 모르는 짧은 식견으로는 이 난해하고 어려운 인생의 방정식을 풀어낼 수 없다.

수학의 방정식처럼 우리는 인생의 해답을 명쾌하게 찾을 수 있을까?

방정식

방정식은 변수를 포함한 등식에서 변숫값에 따라 등식이 참 또는 거짓이 되는 식을 말한다. 매우 간단해 보이는 이 작은 식 하나가 고대로부터 현대에 이르기까

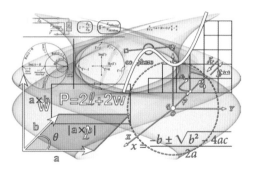

방정식은 고대 인류사에서 시작해 현대 문명의 발전까지 큰 영향을 미쳤다.

지 인류 문명을 일으키고 발전시킨 원동력이었다. 인류의 삶은 방정식에서 시작되고 방정식으로 이루어졌으며 방정식으로 귀결된다고 해도 과언이 아니다.

세금을 걷고 땅의 넓이를 재는 일부터 현대의 내비게이션에 이르기까지 방정식은 우리의 삶과 아주 밀접하게 연결돼 있다.

방정식에 대한 최초의 기록은 이집트의 파피루스에서 발견되었다.

1858년 스코틀랜드 고미술 수집가인 헨리 린드가 발견한 파피루스 두루마리인 《린드파피루스》 안에는 미지수 아하에 대한 일

《린드파피루스》.

차방정식 문제가 담겨 있었다.

기원전 1700년경에 작성된 것으로 추정되는 린드파피루스는 이집트의 수학이 얼마나 발달해 있었는가를 알 수 있는 역사적 자료다

동양에서도 방정식은 오래전부터 다루어온 수학식이다. 기원전 3세기경부터 쓰였을 것으로 추정되는 동양 최고의 수학책인 《구장산술》에도 방정이라는 말이 나온다.

방정方程이란, 사각형 안에서 이루어지는 과정이라는 뜻으로 산대라는 나뭇가지를 이용해서 다양한 계산을 했다. 붓과 종이가 없어도 산대만 있으면 어디서든지 계산을 할 수 있었는데 《구장산술》에는 세금과 농지의 넓이를 구하는 연립방정식을 계산하는 문제가 수록되어 있다.

린드파피루스와 《구장산술》을 보더라도 방정식의 역사는 아주 오래되었다는 것을 알 수 있다.

유럽에서는 대수학의 아버지로 불리는 디오판토스가 저서 《산학Arithmetica》에 1~3차의 정방정식과 부정방정식에 대한 해법을 다루었다.

《산학》은 유럽의 최고의 수학서로 손꼽힌다. 이후 《산학》을 보며 수학을 배운 프랑스의 수학자 페르마는 《산학》의 한 페이지에 페르마의 마지막 정리인 '방정식

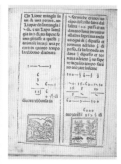

디오판토스의 저서 《산학》과 본문 중 일부.

$xn + yn = zn$($n \geq 3$인 자연수)에는 성립하는 x, y, z가 모두 0이 아닌 정수쌍(x, y, z)은 존재하지 않는다'라는 문제를 남겨 놓기도 했다.

방정식은 문장으로 표현된 문제를 문자와 기호, 숫자로 된 식으로 바꾸는 것이다. 이것은 혁명과도 같은 아이디어였다.

수 대신 문자를 사용하거나 수학 법칙을 간단하게 만드는 것을

대수학이라고 한다. 방정식은 대수학과 함께 발전했고 글로 표현된 문제는 더 간단한 식으로 대체되기 시작했다.

처음으로 문장을 식으로 바꾸는 시도를 했던 수학자는 대수학의 아버지로 불리는 그리스의 수학자 디오판토스였다. 디오판토스는 최초로 미지수를 문자로 쓰기 시작했다.

디오판토스가 사용한 기호	현재 사용 중인 기호
S' or S''	알려지지 않음
$S\hat{r}$	x^2
$K\hat{r}$	x^3
$SS\hat{r}$	x^4
$SK\hat{r}$	x^5
$KK\hat{r}$	x^6
$\uparrow$	$-$
ι	$=$

16세기 프랑스 수학자 프랑수아 비에트는 최초로 방정식에 기호를 사용했다. 이후 방정식 연구로 유명한 영국 수학자 토마스 해리엇은 방정식에 최초로 인수분해를 이용했으며 근과 계수의 관계를 정식화하고 부등기호를 도입하여 방정식을 더 간단하게 만드는 데 큰 역할을 했다.

미지수 x

미지수 x는 언제부터 방정식에 사용되었을까?

방정식은 처음부터 우리가 알고 있는 형태가 아니었다. 다양한 문자와 기호, 부호 등은 대수학의 발전과 함께 조금씩 변화 발전되고 간단해지면서 지금과 같은 방정식의 형태가 된 것이다.

방정식은 아주 오래전 고대로부터 사용되던 대수식이었다. 그래서 미지수를 나타내는 말도 다양했다. 이집트에서는 미지수를 아하라고 했으며 바빌로니아에서는 이기붐과 이굼이라고 했다.

방정식에 처음으로 미지수 x를 사용한 사람은 1637년 프랑스의 철학자이자 수학자인 르네 데카르트^{Descartes, René}였다.

그런데 왜 하필 x였을까? 전해오는 이야기는 다음과 같다.

데카르트가 자신의 수학책을 출판할 때 모르는 수에 대해서 어떤 문자를 써야 하는지 고민하고 있었다고 한다. 그때 인쇄

데카르트.

소 주인은 인쇄 활자 중 가장 많이 남는 x를 사용하자고 권유한다. 데카르트는 흔쾌히 승낙했고 이후 미지수는 x로 표현하게 되었다고 한다.

98p RSA 암호 🅐

$C = m^7 \bmod 55$일 때

f는 5; $= 5^7 \bmod 55$
$\equiv 78125 \ (\bmod \ 55)$
$\equiv 25 \ (\bmod \ 55)$

i는 8; $= 8^7 \bmod 55$
$\equiv 2097152 \ (\bmod \ 55)$
$\equiv 2 \ (\bmod \ 55)$

g는 6; $= 6^7 \bmod 55$
$\equiv 279936 \ (\bmod \ 55)$
$\equiv 41 \ (\bmod \ 55)$

🅐 25, 2, 41

114p 스도쿠 🅐

1	2	3	4
4	3	1	2
2	1	4	3
3	4	2	1

참고 도서

Big Questions 수학 조엘 레비 지음 | 오혜정 옮김 | 지브레인
가르쳐주세요! 마방진에 대해서 김용삼 지음 | 박선미 그림 | 지브레인
고교생을 위한 수학공식 활용사전 김종호 엮음 지음 | 신원문화사
상위 5%로 가는 수학교실 1 신학수 외 지음 | 백명식 그림 | 스콜라
속담 속에 숨은 수학 2 송은영 지음 | 박인숙 그림 | 봄나무
수학 어디까지 알고 있니? 마크 프레리 지음 | 남호영 옮김 | 지브레인
숫자로 끝내는 수학 100 콜린 스튜어트 지음 | 오혜정 옮김 | 지브레인
암호 수학 자넷 베시너 , 베라 플리스 지음 | 오혜정 옮김 | 지브레인
자신만만 고사성어 김은경 지음 | 배종숙 그림 | 아이즐
재미있는 수학 이야기 권현직 지음 | 김영랑 그림 | 가나출판사
창의력 쏙쏙 지혜 톡톡 속담 정글북 지음 | 최지경 그림 | 대일출판사
초등수학 개념사전 석주식 외 지음 | 아울북
한자성어 고사명언구 대사전 23,000 조기형 지음 | 이담북스

참고 사이트

KISTI의 과학향기 칼럼 www.kisti.re.kr
국립중앙과학관 www.science.go.kr
인구총주택조사 www.census.go.kr/mainView.do
통계청 kostat.go.kr/portal/korea
한국민속문화대백과 www.aks.ac.kr
국립중앙박물관 e뮤지엄 http://www.emuseum.go.kr/main

이미지 저작권

표지 이미지 publicdomainvectors.org, openclipart.org, vecteezy.com, shutterstock, commons.wikimedia.org, freepik.com, pixabay.com, rawpixel.com
본문 이미지
국립경주박물관: 26p, 국립중앙박물관: 28p, 129p, shutterstock: 50p, 52, 55, 174p
통계청: 65p, 유토이미지: 109p, 케이머그-돈암동: 147p, 코리아넷: 171p,
국립한글박물관: 175p 왼, CC-BY-2.0; kr-National Institute of Korean Language: 180p